▶ YouTube 모아 아우름 전기TV

합격에 딱 맞춰 다이어트 제대로 한 **핵심이론**
지난 시험문제를 모두 모아 준비하는 **과년도 기출문제**

오부영
전기안전기술사
건축전기설비기술사

필기 / 실기 온라인 강의는 **모아바**에서

아우름 [AURUM]

전기기능장
필답형 실기

MOA FACTORY

CONTENTS 이 책의 차례

PART 01 용어의 정의
CHAPTER 01 용어의 정의   6

PART 02 수 변전설비
CHAPTER 01 수 변전설비 계획   12
CHAPTER 02 수전방식   13
CHAPTER 03 특고압 수전설비 시스템   15
CHAPTER 04 변압기   19
CHAPTER 05 차단기   23
CHAPTER 06 변성기(CT, PT)   28
CHAPTER 07 전력용 콘덴서(SC) 및 부속장치   30
CHAPTER 08 보호협조   32
CHAPTER 09 핵심 예상 문제   34

PART 03 부하설비
CHAPTER 01 동력설비   78
CHAPTER 02 조명설비   81
CHAPTER 03 핵심 예상 문제   86

PART 04 예비전원설비
CHAPTER 01 예비전원설비의 조건   98
CHAPTER 02 비상 발전설비   99
CHAPTER 03 무정전 전원장치(UPS)   100
CHAPTER 04 핵심 예상 문제   102

PART 05 피뢰, 접지설비
CHAPTER 01 피뢰설비   110
CHAPTER 02 피뢰기(LA)   113
CHAPTER 03 서지흡수기(SA)   115

CHAPTER 04 SPD(서지보호기,Surge Protective Device)	116
CHAPTER 05 접지설비	118
CHAPTER 06 KS C IEC 60364 접지방식	122
CHAPTER 07 접지선, 보호도체	124
CHAPTER 08 핵심 예상 문제	126

PART 06 배전, 배선설비

CHAPTER 01 전압 및 절연성능	144
CHAPTER 02 배전방식	146
CHAPTER 03 배선설비	149
CHAPTER 04 전기안전	155
CHAPTER 05 핵심 예상 문제	161

PART 07 소방전기설비

CHAPTER 01 누전경보기(NFSC 205)	192
CHAPTER 02 유도등 및 유도표지(NFSC 303)	193
CHAPTER 03 비상조명등(NFSC 304)	196
CHAPTER 04 제연설비(NFSC 501)	198
CHAPTER 05 비상콘센트설비(NFSC 504)	199
CHAPTER 06 무선통신보조설비(NFSC 505)	201
CHAPTER 07 핵심 예상 문제	203

PART 08 신재생에너지

CHAPTER 01 분산형 전원의 종류	210
CHAPTER 02 태양광 발전	211
CHAPTER 03 전력 저장 및 계통 연계	212
CHAPTER 04 핵심 예상 문제	215

CONTENTS 이 책의 차례

PART 09 과년도 문제

CHAPTER 01 63회 전기기능장 필답 실기시험 문제해설	218
CHAPTER 02 64회 전기기능장 필답 실기시험 문제해설	224
CHAPTER 03 65회 전기기능장 필답 실기시험 문제해설	230
CHAPTER 04 66회 전기기능장 필답 실기시험 문제해설	237
CHAPTER 05 67회 전기기능장 필답 실기시험 문제해설	245
CHAPTER 06 68회 전기기능장 필답 실기시험 문제해설	253
CHAPTER 07 69회 전기기능장 필답 실기시험 문제해설	259

아우름 전기기능장 필답형 실기

PART 01
용어의 정의

CHAPTER 01 용어의 정의

가공인입선
가공전선로의 지지물로부터 다른 지지물을 거치지 아니하고 수용 장소의 붙임점에 이르는 가공전선

가섭선
지지물에 가설되는 모든 선

계통연계
둘 이상의 전력계통 사이를 전력이 상호 융통될 수 있도록 선로를 통하여 연결하는 것으로 전력계통 상호간을 송전선, 변압기 또는 직류-교류변환설비 등에 연결하는 것

계통접지
전력계통에서 돌발적으로 발생하는 이상 현상에 대비하여 대지와 계통을 연결하는 것으로, 중성점을 대지에 접속하는 것

고장보호(간접접촉에 대한 보호)
고장 시 기기의 노출도전부에 간접 접촉함으로써 발생할 수 있는 위험으로부터 인축을 보호하는 것

관등회로
방전등용 안정기 또는 방전등용 변압기로부터 방전관까지의 전로

기본보호(직접접촉에 대한 보호)
정상운전 시 기기의 충전부에 직접 접촉함으로써 발생할 수 있는 위험으로부터 인축을 보호하는 것

내부 피뢰시스템
등전위본딩 및 외부피뢰시스템의 전기적 절연으로 구성된 피뢰시스템의 일부

노출도전부
충전부는 아니지만 고장 시에 충전될 위험이 있고, 사람이 쉽게 접촉할 수 있는 기기의 도전성 부분

등전위본딩
등전위를 형성하기 위해 도전부 상호 간을 전기적으로 연결하는 것

등전위본딩망
구조물의 모든 도전부와 충전도체를 제외한 내부설비를 접지극에 상호 접속하는 망

보호도체(PE, Protective Conductor)
감전에 대한 보호 등 안전을 위해 제공되는 도체

보호등전위본딩
감전에 대한 보호 등과 같이 안전을 목적으로 하는 등전위본딩

보호본딩도체
보호등전위본딩을 제공하는 보호도체

보호접지
고장 시 감전에 대한 보호를 목적으로 기기의 한 점 또는 여러 점을 접지하는 것

분산형 전원
중앙급전 전원과 구분되는 것으로서 전력소비지역 부근에 분산하여 배치 가능한 전원

서지보호장치(SPD, Surge Protective Device)
과도 과전압을 제한하고 서지전류를 분류하기 위한 장치

수뢰부시스템
낙뢰를 포착할 목적으로 돌침, 수평도체, 메시도체 등과 같은 금속 물체를 이용한 외부피뢰시스템의 일부

스트레스전압

지락고장 중에 접지부분 또는 기기나 장치의 외함과 기기나 장치의 다른 부분 사이에 나타나는 전압

옥내배선

건축물 내부의 전기사용장소에 고정시켜 시설하는 전선

옥외배선

건축물 외부의 전기사용장소에서 그 전기사용장소에서의 전기사용을 목적으로 고정시켜 시설하는 전선

옥측배선

건축물 외부의 전기사용장소에서 그 전기사용장소에서의 전기사용을 목적으로 조영물에 고정시켜 시설하는 전선

외부피뢰시스템

수뢰부시스템, 인하도선시스템, 접지극시스템으로 구성된 피뢰시스템의 일종

이격거리

떨어져야할 물체의 표면간의 최단거리

인하도선시스템

뇌전류를 수뢰부시스템에서 접지극으로 흘리기 위한 외부피뢰시스템의 일부

임펄스내전압

지정된 조건하에서 절연파괴를 일으키지 않는 규정된 파형 및 극성의 임펄스전압의 최대 파고 값 또는 충격내전압

제1차 접근상태

가공 전선이 다른 시설물과 접근(병행하는 경우를 포함하며 교차하는 경우 및 동일 지지물에 시설하는 경우를 제외한다. 이하 같다)하는 경우에 가공 전선이 다른 시설물의 위쪽 또는 옆쪽에서 수평거리로 가공 전선로의 지지물의 지표상의 높이에 상당하는 거리 안에 시설(수평 거리로 3 m 미만인 곳에 시설되는 것을 제외한다)됨으로써 가공 전선로의 전선의 절단, 지지물의 도괴 등의 경우에 그 전선이 다른 시설물에 접촉할 우려가 있는 상태

제2차 접근상태
가공 전선이 다른 시설물과 접근하는 경우에 그 가공 전선이 다른 시설물의 위쪽 또는 옆쪽에서 수평 거리로 3 m 미만인 곳에 시설되는 상태를 말한다.

접지도체
계통, 설비 또는 기기의 한 점과 접지극 사이의 도전성 경로 또는 그 경로의 일부가 되는 도체

접지시스템
기기나 계통을 개별적 또는 공통으로 접지하기 위하여 필요한 접속 및 장치로 구성된 설비

접지전위 상승(EPR, Earth Potential Rise)
접지계통과 기준대지 사이의 전위차

접촉범위(Arm's Reach)
사람이 통상적으로 서있거나 움직일 수 있는 바닥면상의 어떤 점에서라도 보조장치의 도움 없이 손을 뻗어서 접촉이 가능한 접근구역

정격전압
발전기가 정격운전상태에 있을 때, 동기기 단자에서의 전압

중성선 다중접지 방식
전력계통의 중성선을 대지에 다중으로 접속하고, 변압기의 중성점을 그 중성선에 연결하는 계통접지 방식

지락전류
충전부에서 대지 또는 고장점(지락점)의 접지된 부분으로 흐르는 전류를 말하며, 지락에 의하여 전로의 외부로 유출되어 화재, 사람이나 동물의 감전 또는 전로나 기기의 손상 등 사고를 일으킬 우려가 있는 전류

지중 관로
지중 전선로·지중 약전류 전선로·지중 광섬유 케이블 선로·지중에 시설하는 수관 및 가스관과 이와 유사한 것 및 이들에 부속하는 지중함 등

충전부
통상적인 운전 상태에서 전압이 걸리도록 되어 있는 도체 또는 도전부

특별저압(ELV, Extra Low Voltage)
인체에 위험을 초래하지 않을 정도의 저압

피뢰등전위본딩
뇌전류에 의한 전위차를 줄이기 위해 직접적인 도전접속 또는 서지보호장치를 통하여 분리된 금속부를 피뢰시스템에 본딩하는 것

피뢰시스템의 자연적 구성부재
피뢰의 목적으로 특별히 설치하지는 않았으나 추가로 피뢰시스템으로 사용될 수 있거나, 피뢰시스템의 하나 이상의 기능을 제공하는 도전성 구성 부재

PEN 도체
교류회로에서 중성선 겸용 보호도체

PEM 도체
직류회로에서 중간선 겸용 보호도체

PEL 도체
직류회로에서 선도체 겸용 보호도체

아우름 전기기능장 필답형 실기

PART 02
수 변전설비

CHAPTER 01 수 변전설비 계획

1. 수 변전설비 계획 시 고려사항
1) 건축물의 사용목적에 적합할 것
2) 전력회사의 전력공급여부를 확인할 것
3) 각종 기기의 성능이 우수하고, 신뢰성이 높을 것
4) 장래 부하 증가에 대한 확장계획을 고려할 것
5) 종합적으로 경제적이며, 부하 중심에 위치할 것
6) 방재설비 구축
7) SCADA 적용 여부

2. 수 변전실 선정 시 고려사항
1) 전원 인입이 용이할 것
2) 부하의 중심일 것
3) 건축물 구조에 안정감이 있을 것
4) 먼지 발생이나 습기가 적으며 환경적으로 양호할 것
5) 침수 등의 재해 발생 우려가 없을 것
6) 배선의 인입, 인출이 용이할 것
7) 점검, 보수가 용이할 것

3. 설계 단계 시 검토사항
1) 수전용량 및 전압방식
2) 부하의 설비용량
3) 배전, 배선 방식
4) 증설 계획 반영 여부
5) 경제성

CHAPTER 02 수전방식

NO	수전방식		계통 구성도	특징
1	1회선 전용 수전		(계통도)	a) 가장 간단하고 경제적이다. b) 송전선 사고 시에 정전, 복구시간은 송전선 복구시간과 동일하다.
2	1회선 분기 수전		(계통도)	a) 1회선 전용수전의 a)항과 같다. b) 1회선 전용수전의 b)항과 같다. 다른 수용가의 영향을 받는다.
3	평행 2회선 수전		(계통도)	a) 한쪽선 사고에도 정전은 없다. b) 송전선 보수 시에도 한쪽씩 정전되고 전반적인 정전은 없다. a) 보호계전방식이 복잡하다.
4	동일계통 상용 예비수전	2CB 수전 (차단기 전환방식)	(계통도)	a) 송전선 사고 시에 일단은 정전되지만 예비선으로 변환하여 정전 시간을 단축할 수 있다. b) 수전회선 변환 시에는 정전되지 않는다.
		1CB 수전 (단로기 전환방식)	(계통도)	a) 2CB 수전의 a)항과 같다. b) 수전회선 변환 시에 정전된다.
5	루프 수전	개루프	(계통도) 상시개방	a) 송전선 사고 시 사고 지점에 따라서는 일단 정전된다. b) 사고처리와 보수시 정전(선로와 수용가)을 위한 조작은 전력회사의 지령에 따를 필요가 있다.
		폐루프	(계통도)	a) 항상 2회선 수전으로 되고, 한쪽 회선 사고만으로는 정전되지 않는다. b) 송전선 보수는 한쪽씩 정전하기 때문에 정전 불필요하다. c) 보호계전방식이 복잡하다.
6	다른 계통 상용 예비선수선		(계통도)	a) 송전선 사고 시에 일단은 정전되지만, 예비선을 활용하여서 정전 시간을 단축할 수 있다. b) 전원에서 평전되어도 한쪽이 살아남을 가능성이 있다. c) 수전회선을 변환할 때에 정전된다.

| 7 | 스포트 네트워크 수전 | 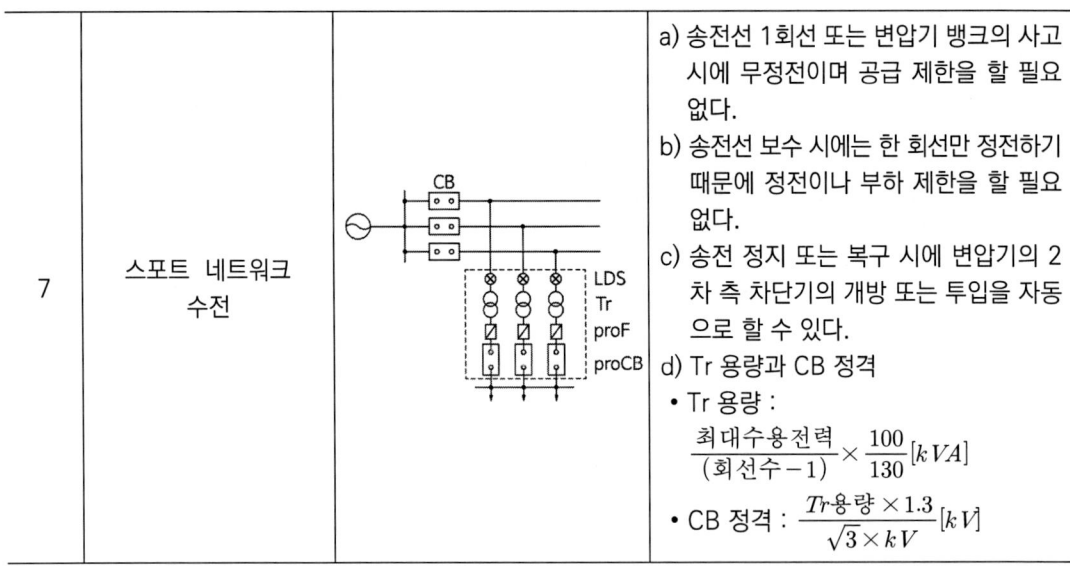 | a) 송전선 1회선 또는 변압기 뱅크의 사고 시에 무정전이며 공급 제한을 할 필요 없다.
b) 송전선 보수 시에는 한 회선만 정전하기 때문에 정전이나 부하 제한을 할 필요 없다.
c) 송전 정지 또는 복구 시에 변압기의 2차 측 차단기의 개방 또는 투입을 자동으로 할 수 있다.
d) Tr 용량과 CB 정격
• Tr 용량 : $\dfrac{최대수용전력}{(회선수-1)} \times \dfrac{100}{130}[kVA]$
• CB 정격 : $\dfrac{Tr용량 \times 1.3}{\sqrt{3} \times kV}[kV]$ |

CHAPTER 03 특고압 수전설비 시스템

1. 단선 결선도

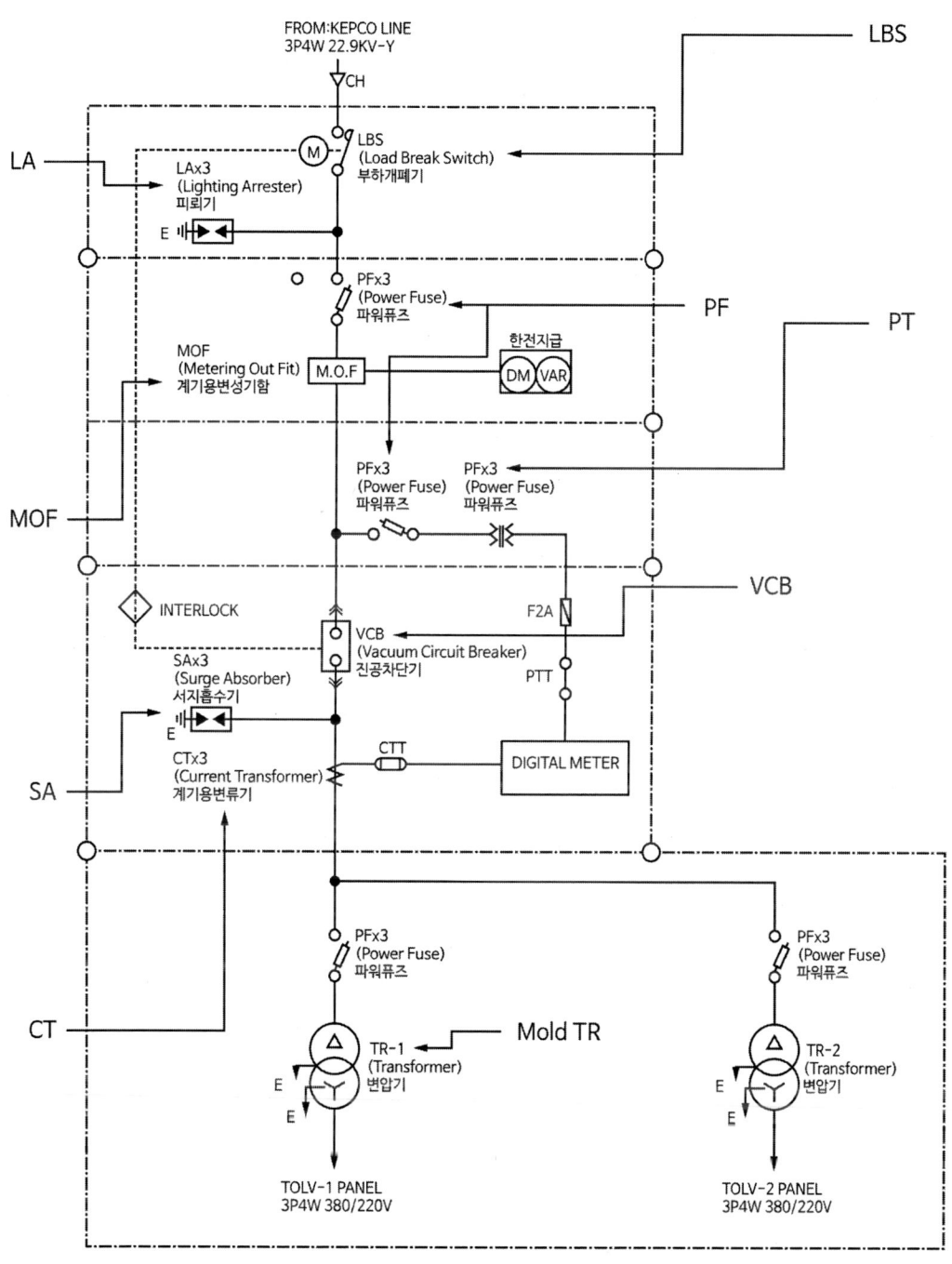

2. 수 변전설비의 기기 명칭

명 칭	약 호	심 벌
계기용 변성기	MOF	
과전류 계전기	OCR	
지락 계전기	GR	
파워퓨즈(전력퓨즈)	PF	
피뢰기	LA	
전류계	A	
전류계용 절환스위치	AS	
차단기	CB	
케이블 헤드	CH	
컷아웃 스위치	COS	
방전코일	DC	
단로기	DS	

명 칭	약 호	심 벌
계기용 변류기	CT	
영상변류기	ZCT	
전압계	V	
전압계용 절환스위치	VS	
전력량계	WH	
계기용 변압기	PT(VT)	
진상 콘덴서	SC	
직렬 리액터	SR	
트립코일	TC	
변압기	Tr	

3. 계전기 고유번호

번 호	계전기 명칭	비 고
21	거리 계전기	
24	TAP 절환장치	
27	부족전압 계전기	
37	부족전류 계전기	
50	단락, 지락 계전기	
51	과전류 계전기	
59	과전압 계전기	
64	지락 과전압 계전기	
72	직류차단기	
76	직류 과전류 계전기	
82	직류 재폐로 계전기	
87B	모선보호 차동계전기	
87G	발전기용 차동계전기	
87T	주변압기 차동계전기	
89	단로기	
95	주파수 계전기	
96-1	브흐홀쯔 계전기	

CHAPTER 04 변압기

1. 변압기의 분류

분류	종류
절연 방식	① 가스 변압기 ② 건식 변압기 ③ 몰드 변압기 ④ 유입 변압기
상수	① 단상 ② 삼상
권선 수	① 단권 ② 2권선 ③ 다권선
탭전환 방식	① 무전압 탭 전환방식 ② 부하 시 탭 전환방식
특수 변압기	① 단권변압기 ② 누설 변압기 ③ 계기용 변성기

2. 변압기 용량 산출

1) 수용률, 부등률, 부하율

$$수용율 = \frac{최대수용 전력(1시간 평균)}{총 설비용량} \times 100$$

$$부등율 = \frac{각각의 최대수용 전력의 합}{합성최대 수용전력} \quad \begin{cases} 전등 + 동력\ TR : 1.10 \\ 동력 + 동력\ TR : 1.36 \end{cases}$$

$$부하율 = \frac{부하의 평균전력}{최대 수용전력} \times 100$$

평균 전력 : $\dfrac{총 사용 전력량}{총 사용 시간}$ 최대 전력 : 총 사용 시간 중 최대전력

2) 변압기용량 산정

$$전등 변압기 = 전등 설비용량 \times 수용률$$

$$주변압기 용량 = 각 변압기의 합 \times \frac{1}{부등율}$$
$$= 전등 \times 수용률 + 동력 \times 수용률 \times \frac{1}{부등율}$$

3. 변압기의 결선방식의 특징

결선방식	특 징
△-△	• 대전류 계통에 적합.($I_\ell = \sqrt{3}\,I_p$) • 선간전압 동상.($V_\ell = V_p$) • 3고조파전류가 △순환하여 출력전압은 정현파를 유지 • 1상 고장 시 V결선 가능
Y-Y	• 고전압 계통에 적합.($V_\ell = \sqrt{3}\,V_p$) • 선간전류 동상($I_\ell = I_p$)
△-Y	• 2차 측에 중성점 접지를 하여 저압 측에 220/380 V를 사용할 수 있어서 일반 수용가에 가장 많이 사용 • 상전압이 1·2차 간 $\sqrt{3}$ 배 증가하므로 승압용에 적당 • △-△, Y-Y의 장점 이용.
Y-△	• 2단 강압방식으로 2차가 6.6, 3.3[kV]로 선로가 짧은 대전류 공급계통, 구내배선선로에 주로 적용 • 상전압이 1·2차간 $1/\sqrt{3}$ 배 감소하므로 강압용에 적당 • 1차 전압을 Y결선 하므로 절연이 유리 • △-△, Y-Y의 장점 이용
V-V	• △-△ 결선에서 변압기 1상 고장 시에도 전력공급이 가능 • 이용률 : $\dfrac{P_V}{P_2} = \dfrac{\sqrt{3}\,VI}{2\,VI} = 86.6[\%]$ • 출력비 : $\dfrac{P_V}{P_\Delta} = \dfrac{\sqrt{3}\,VI}{3\,VI} = 57.7[\%]$

4. 변압기 병렬운전의 조건

1) 병렬운전 조건

① 1, 2차 극성이 같을 것

② 1, 2차 전압이 같을 것

③ 상회전이 같을 것

④ 위상변위가 같을 것

⑤ %임피던스가 같을 것

⑥ 용량비가 1:3 이내일 것

⑦ 변압기의 내부저항과 리액턴스의 비가 같을 것

2) 결선의 종류

병렬운전 가능한 결선	불가능한 결선
△-△ 와 △-△	△-△ 와 △-Y
Y-Y 와 Y-Y	△-△ 와 Y-△
Y-△ 와 Y-△	Y-Y 와 Y-△
△-Y 와 △-Y	Y-Y 와 △-Y
△-△ 와 Y-Y	
△-Y 와 Y-△	

5. 변압기의 손실 및 효율

1) 손실

① 무부하손 : 무부하손은 히스테리시스손과 와류손의 합인 철손이라 해도 무방하다.

② 부하손 : 부하 전류에 의한 저항손을 말하며 크게 분류하면 동손과 표류부하손으로 구분한다.

2) 효율

① 실측효율 : 입력과 출력을 실제의 부하 상태에서 실측하여 구한 효율

$$\eta = \frac{p_2}{p_1} \times 100 [\%]$$

② 규약효율 $\eta = \dfrac{출력}{출력 + 손실} \times 100 [\%] = \dfrac{입력 - 손실}{입력} \times 100 [\%]$

6. 단권변압기

1) 자기용량과 부하용량

$$자기용량 = (E_1 - E_0) \cdot I_1 = \left(1 - \frac{E_0}{E_1}\right) E_1 I_1 = (1-a) \cdot 부하용량$$

2) 특징

① 변압비가 1 근처에서 가장 경제적이고 특성이 우수

② 권선의 일부를 공통으로 사용하기 때문에 동량이 감소

③ 동량 감소로 동손이 감소하여 효율이 좋아지고 온도 상승이 저하

④ 일반 변압기에 비하여 전압변동률이 작아 계통의 안정도가 증가

⑤ 누설임피던스가 작기 때문에 단락전류가 커서 열적, 기계적강도가 커야 함
⑥ 충격전압이 대부분 직렬권선에 가해지므로 이에 대한 적절한 절연설계가 필요

7. 변압기의 보호장치

1) 특고압용 변압기의 보호장치

뱅크용량의 구분	동작조건	장치의 종류
5,000 kVA 이상 10,000 kVA 미만	변압기내부고장	자동차단장치 또는 경보장치
10,000 kVA 이상	변압기내부고장	자동차단장치

2) 내부 보호장치의 종류
① 부흐홀츠계전기
② 압력계전기
③ 비율차동계전기
④ 유온계
⑤ 유면계

3) 절연유의 구비조건
① 점도가 낮을 것
② 절연내력이 클 것
③ 인화점이 클 것
④ 응고점이 낮을 것
⑤ 냉각효과가 클 것
⑥ 고온에서 산화가 되지 않을 것

CHAPTER 05 차단기

1. 차단기 선정 시 고려사항

1) 계통고장 시 신속히 안정적으로 차단할 것

2) 사용 용도에 따른 적정용량의 선정

3) 사용 조건, 설치 환경, 경제성, 유지관리의 고려

4) 여자돌입전류에 의한 차단기 접점손상을 방지

5) 차단속도의 신속성으로 재점호 방지 및 계통의 보호

6) 개폐서지 고려(VCB 2차 측에 SA설치)

7) 다른 차단기들과의 보호 협조

2. 차단기의 종류

1) 진공차단기(VCB : Vacuum Circuit Breaker)

① 진공 특성 중 높은 절연내력과 진공 중에 Arc의 급속한 확산을 이용하여 소호시키는 차단기이다.

② 아크가 적고 접촉부의 소모가 적어 개폐수명이 길다.

③ 불연성이며 화재, 폭발 위험이 적다.

④ 차단 시 Surge가 발생할 수 있어 Mold 변압기에 사용하는 경우 SA(서지흡수기)를 설치한다.

2) 가스차단기(GCB : Gas Circuit Breaker)

① 차단기 개폐 시 접점에서 발생하는 Arc에 SF_6를 불어넣어 소호하는 방식이다.

② 차단성능이 우수하고 소음이 적고, 불활성이며 화재위험이 적다.

3) 공기차단기(ABB : Air Blast Circuit Breaker)

① 차단기 개폐 시 접점에서 발생하는 Arc에 압축된 공기를 불어넣어 소호하는 방식이다.

② 유입차단기에 비해 화재의 위험이 적고 차단능력이 우수하며 유지보수가 간단하다.

4) 자기차단기(MBB : Magnetic Blast Circuit Breaker)

① 차단기 개폐 시 접점에서 발생하는 Arc에 직각 방향으로 자계를 주어 발생된 전자력으로 소호실로 밀어 넣어 냉각 소호시키는 방식이다.

② 전류차단 시 과전압이 발생하지 않아서 직류차단도 가능하다.

5) 유입차단기(OCB : Oil Circuit Breaker)

① 차단기 개폐 시 접점에서 발생하는 Arc에 유류를 뿌려서 소호한다.

② 가격이 저렴하고, 차단성능이 매우 우수하며, 소음이 적다.

6) 기중차단기(ACB : Air Circuit Breaker)

① 저압용 Main 차단기로 가장 많이 사용하고 있고, 외부에서의 신호로 ON/OFF 자동 제어가 가능하다.

② 차단기 개폐 시 접점에서 발생하는 Arc를 공기의 자연소호방식에 의해 소호한다.

7) 배선용차단기(MCCB : Molded Case Circuit Breaker)

① 저압용 차단기로 배전반이나 분전반에서 가장 많이 사용되는 대표적인 저압차단기이다.

② 차단기 개폐 시 접점에서 발생하는 Arc를 Grid 형태 자성판이 Arc를 분할시키고 냉각하는 방식이다.

8) 아크차단기(AFCI : Arc Fault Circuit Interrupter)

전기화재의 발생원인인 Arc를 미리 검지하는 장치로, 일반차단기와 조합하여 설치한다.

3. 개폐장치

1) 부하개폐기(LBS : Load Breaker Switch)

① 부하개폐기로 수변전 설비 인입구 개폐기로 사용하고, 부하전류를 개폐할 수는 있으나 고장전류는 차단 불가하다.

② 한류 퓨즈가 있는 것과 한류 퓨즈가 없는 것 2종류가 있다.

2) 자동 고장 구분 개폐기(ASS : AutomAtic Section Switch)

ASS는 선로구분 기능을 갖고 있는 개폐기에 수용가 측의 사고발생 시 사고전류를 감지하여 자동으로 접점을 분리시켜 사고구간을 분리한다.

3) 리클로저(R/C : Recloser)

전력회사 배전선로의 대표적인 보호장치로 배전선로의 고장 시 개방과 투입을 반복한다.

4) 자동구간개폐기(S/E : Sectionalizer)

고압 배전선에서 사용되는 차단 능력이 없는 유입 개폐기로 리크로저 부하 쪽에 설치한다.

4. 선로 절체 장치

1) ATS, CTTS

구분	CTTS	ATS
절체시간	무정전	20~90ms
개방상태	밀폐식	개방식
양질의 전원	전원의 질이 높다.	전원의 질이 떨어진다.

2) ALTS(자동부하절체개폐기)

이중 전원을 확보하여 주전원 정전 시 예비전원으로 자동 절환하는 역할이다.

5. 전력퓨즈(PF : Power Fuse)

1) 퓨즈의 구성

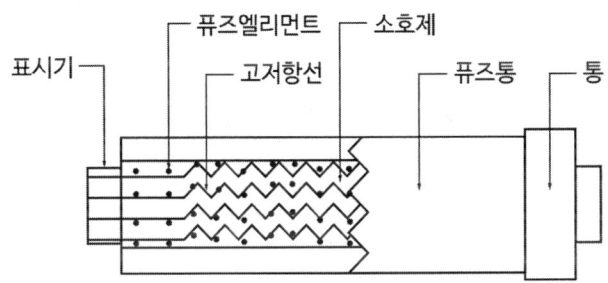

2) 퓨즈의 특성

① 한류형 퓨즈(전압 "0"점에서 차단)
   높은 아크저항을 발생하여 사고전류를 강제적으로 한류 차단하는 퓨즈이다.
② 비한류형 퓨즈(전류 "0"점에서 차단)
   소호가스를 뿜어대어 전류가 0점인 극간의 절연내력을 재기전압 이상으로 높여서 차단하는 퓨즈이다.

3) Fuse의 장·단점(CB와 비교)

장점	단점
• 가격 저렴, 소형 경량 • 보소상치 필요 없음, 무소음, 무빙출(한류형), 보수 간단, 고속 차단 • 후비보호 완벽, 현저한 한류 특성	• 재투입 불가능, 과전류 용단 • I-t 조정 불가 (동작시간 조정 불가) • 열화로 인한 결상 위험 (과전압 발생) • 고임피던스 접지계통 지락보호 불가능

6. 누전차단기

1) 누전차단기 설치목적

① 인체감전 보호
② 누전에 의한 화재의 예방
③ 교류 600V 이하에 저압전로의 보호
④ 전기설비 및 전기기기의 보호

2) 누전차단기 종류

① 전기방식 및 극수 : 단상 2선식 2극, 단상 3선식 3극, 3상 3선식 3극, 3상 4선식 4극
② 동작별 분류 : 전류동작형, 전압동작형
③ 사용목적별 분류 : 지락보호용 범용(지락, 과부하, 단락)
④ 정격 감도별 분류

분류	정격감도 전류[mA]	종류	동작시간[sec]
고감도형	5, 10, 15, 30	고속형	$t \leq 0.1$
		시연형	$0.1 \leq t < 2.0$
		반 한시형	$0.2 \leq t < 1.0$
중감도형	50, 100, 200, 500, 1000	고속형	$t \leq 0.1$
		시연형	$0.1 \leq t < 2.0$

3) 설치장소

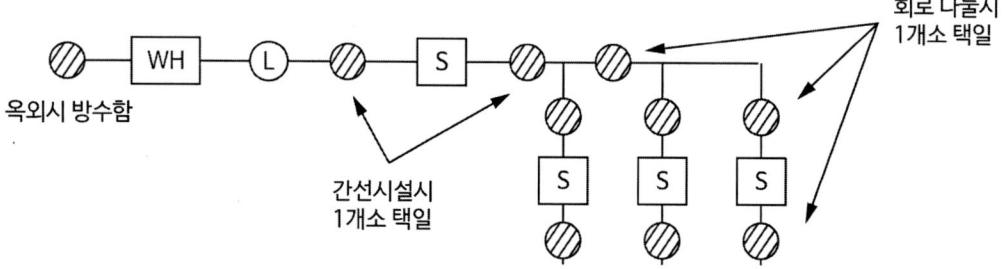

[비고 1] ⊘ 는 누전차단기 설치장소
[비고 2] 분전반 분기회로가 7회로 이상시 인입개폐기 겸용시 과전류차단기 붙은 것 설치

[누전차단기 설치장소(내선규정 1475-1)]

① 사람이 쉽게 접촉할 우려가 있는 장소, 사용전압 50V를 초과하는 저압의 전원 측
② 고압 및 특고압 전로의 변압기에 결합되는 400V 이상의 전압전로
③ 주택의 옥내에 시설하는 대지전압 150V를 넘고 300V 이하의 저압전로 인입구

④ 화약고 내의 전기 공작물에 전기를 공급하는 전로

⑤ 전기 온상 등에 전기를 공급하는 경우

⑥ 습기가 많은 장소에 설치하는 경우

⑦ 플로어 히팅, 로드히팅, 난방 또는 결빙방지를 위한 발열선을 시설하는 경우

4) 일반적인 설치 예

기계기구의 설치장소 전로의 대지전압	옥내		옥외		옥외	물기 장소
	건조	습한 곳	우선 내	우선 외		
150V 이하	-	-	-	□	□	○
150V 초과 300V 이하	△	○	-	○	○	○

CHAPTER 06 변성기(CT, PT)

1. 계기용 변류기(CT)

1) 변류비 (2차 전류는 5A이며, 디지털형용으로 1A, 0.1A용 변류기도 많이 사용)

$$I_1 = \frac{N_2}{N_1} I_2 = \frac{1}{a} I_2, \quad 변류비 = \frac{I_1}{I_2} \simeq \frac{N_2}{N_1} = \frac{1}{a}$$

2) 비오차

$$\varepsilon = \frac{공칭변류비 - 실제변류비}{실제변류비} \times 100 = \frac{K_n - K}{K} \times 100(\%)$$

K_n : 공칭변류비, I_P : 실제 1차 전류, I_S : 실제 2차 전류

3) 과전류 정수

전류비오차(비오차)가 -10%가 되는 1차 전류에 대한 정격 1차 전류의 배수 n을 의미한다.

$$n = \frac{비오차가 \ -10\% \ 일 \ 때 \ 1차 \ 전류}{정격 \ 1차 \ 전류}$$

4) 과전류 강도

① 과전류 강도는 정격 1차 전류에 몇 배의 과전류까지 견딜 수 있는가를 표현한 값이다.
② 과전류 강도≒열적과전류 강도 + 기계적과전류 강도

$$CT 과전류강도 = \frac{단락전류(I_s)}{정격1차전류(I_{1n})}$$

1차 전류 배수
40, 75, 150, 300

5) 열적과전류 강도

표준시간 1초에서 정격 1차 전류의 몇 배까지 견딜 수 있는가를 표현한 값이다.

6) 기계적 강도

전자력에 의해 전기·기계적으로 손상하지 않는 1차 전류의 파고치로 열적과전류 강도의 2.5배이다.

2. 계기용 변압기(PT)

1) 변압비 (PT의 2차 전압은 110V)

$$V_1 = \frac{N_1}{N_2} V_2 = a V_2, \ 변압비 = \frac{V_1}{V_2} \simeq \frac{N_1}{N_2} = a$$

CHAPTER 07 전력용 콘덴서(SC) 및 부속장치

1. 콘덴서의 역률개선 원리
부하 측의 인덕턴스 성분에 의하여 전류는 전압보다 위상이 늦어지는 현상, 용량성 성분인 콘덴서를 설치하여 전압과 전류의 위상을 최대한 동상으로 하는 것이 역률개선 원리이다.

2. 콘덴서 용량 계산
부하용량 P[kW]일 때, 부하역률을 $\cos\theta_1$ 에서 $\cos\theta_2$ 으로 개선 시 필요한 콘덴서 용량

$$Q_C = Q - Q_L = P(\tan\theta_1 - \tan\theta_2)$$

$$= P\left(\frac{\sin\theta_1}{\cos\theta_1} - \frac{\sin\theta_2}{\cos\theta_2}\right) = P\left(\frac{\sqrt{1-\cos^2\theta_1}}{\cos^2\theta_1} - \frac{\sqrt{1-\cos^2\theta_2}}{\cos^2\theta_2}\right)$$

$$= P\left(\sqrt{\frac{1}{\cos^2\theta_1}-1} - \sqrt{\frac{1}{\cos^2\theta_2}-1}\right) [kvar]$$

3. 콘덴서의 결선(△, Y결선)에 따른 용량 계산

△ 결선	Y결선
$Q_\Delta = 3VI_d$ $= 3 \times 2\pi f C_d V^2 \times 10^{-3}[kvar]$ $C_d = \frac{Q_\Delta}{3 \times 2\pi f V^2} \times 10^3 [\mu F]$	$Q_Y = \sqrt{3}\,VI_s$ $= \sqrt{3} \times 2\pi f C_Y \frac{V^2}{\sqrt{3}} \times 10^{-3}[kvar]$ $C_Y = \frac{Q_Y}{2\pi f V^2} \times 10^3 [\mu F]$

4. 콘덴서의 설치 시 효과

1) 선로의 손실경감

2) 변압기의 손실경감

3) 전압강하의 경감

4) 계통용량의 증가

5) 전기요금의 경감

5. 직렬리액터(SR : Series Reactor)

1) 직렬리액터 설치 목적

① 대용량 진상용 콘덴서 설치 시 고조파에 의해 전압·전류파형을 왜곡시키는 현상을 방지한다.

② 콘덴서 개방 시 이상전압을 억제하여 재점호현상을 방지한다.

2) 직렬리액터의 적용

① 일반회로 부하에서는 제5고조파를 고려하여 직렬리액터는 6% 용량으로 한다.

② 전철부하 및 아크로 부하에는 제3고조파가 발생되며 직렬리액터는 13~15% 용량으로 한다.

6. 방전코일(DC : Discharging Coil)

1) 방전코일 설치 목적

① 콘덴서 개방 시 잔류전하를 단시간에 방전하고 재투입 시에는 잔류전하 방전으로 과전압을 방지한다.

② 소용량 콘덴서에는 방전저항을 사용하고 대용량 시에는 방전코일이 사용된다.

2) 방전코일의 성능

① 저압의 경우는 콘덴서 개방 시 3분 이내 잔류전압은 75V 이하이다.

② 고압의 경우는 콘덴서 개방 시 5초 이내 잔류전압은 50V 이하이다.

CHAPTER 08 보호협조

1. 접지계통의 보호방식

1) 잔류회로방식

① CT비 300/5A 이하의 비교적 소규모 계통에 가장 널리 사용되고 있다.

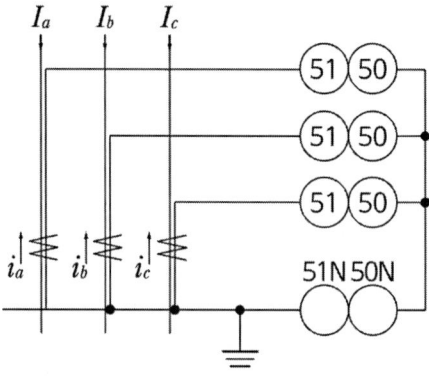

2) 3차 영상 분로회로 방식(3권선 CT방식)

② 고저항 접지계통에 주로 이용하며, CT비가 300/5A 이상의 비교적 용량이 큰 곳에 사용한다. 고저항 또는 CT비가 큰 장소에 잔류회로방식을 사용하면 영상전류값이 적고, 검출감도가 낮아진다.

② CT비는 1차/2차=정격 1차 전류/5A, 1차/3차=100/5A이다.

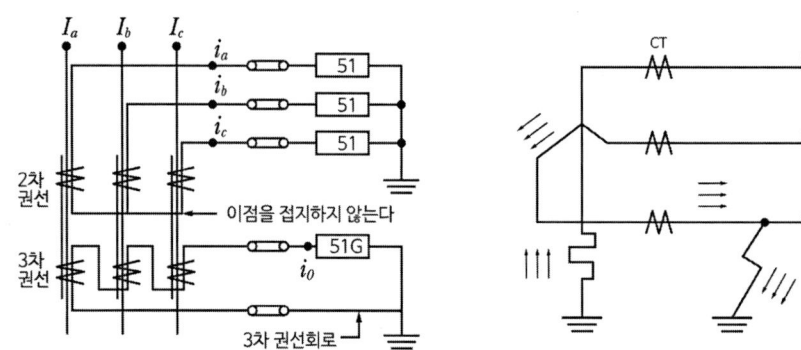

3) 중성점 변류기 방식

주로 저항접지 계통의 중성점 접지에 CT와 OCGR를 사용하여 지락전류를 검출하는 방식이다.

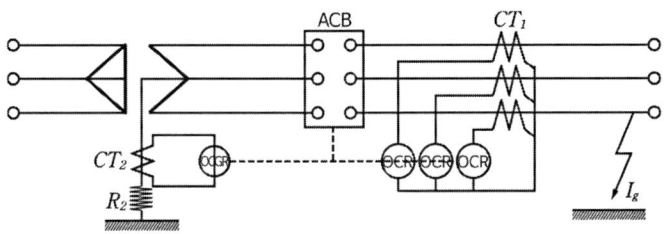

2. 비접지계통 보호방식

1) 영상전압 검출 방식

① GPT+OVGR(64)의 조합으로 지락 시 영상전압을 검출한다.

② 한시계전기와 조합하고, 주로 후비보호용으로 사용된다.

2) 영상전류 검출 방식(ZCT, DGR방식)

① ZCT + DGR(67G : 방향지락계전기)의 조합하여 사용한다.

② 지락 시 영상전류 검출하여 차단한다.

3) 영상전류, 영상전압 검출 방식(GPT+OVGR+ZCT+SGR방식)

① GPT + OVGR+ZCT + SGR(67 : 선택지락계전기)의 조합하여 사용한다.

② 한류저항기(전류제한저항기, CLR : Current Limit Resistor)
  - GPT의 3차 측 Open Delta회로에 부착하여 비접지계에서 지락방향계전기 사용 시 지락 전류의 유효분을 얻기 위해서 사용
  - GPT의 제3고조파 발생을 억제하고, 중성점 이동 등의 이상 현상을 억제하기 위하여 사용
  - 저항접지계에서도 GPT 자체의 철공진 같은 이상 현상을 방지하기 위하여 사용

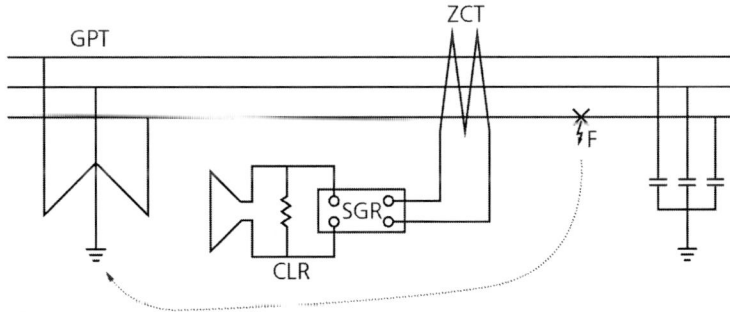

CHAPTER 09 핵심 예상 문제

01.

전력퓨즈의 기능에 대하여 쓰시오.

정답

1) 부하전류를 안전하게 통전시킨다.
2) 일정값 이상의 과전류를 차단하여 전로나 기기를 보호한다.
3) 단락발생 시 단락전류를 차단시킨다.

02.

전력퓨즈에 대한 기능과 역할에 대하여 다음 각 물음에 답하시오.

1) 퓨즈의 기능을 2가지로 간단하게 설명하시오.

2) 답안지의 표와 같은 각종 개폐기와의 비교표에 해당 칸에 ○표로 표시하시오.

구 분	회로분리		사고차단	
	무부하	부하	과부하	단락
퓨즈				
차단기				
개폐기				
단로기				
전자접촉기				

3) 전력퓨즈의 성능 3가지를 쓰시오.

정답

1) 퓨즈의 기능
  ① 부하전류는 안전하게 통전한다.
  ② 어떤 일정값 이상의 과전류는 차단하여 전로나 기기를 보호한다.

2) 빈칸 채우기

구 분	회로분리		사고차단	
	무부하	부하	과부하	단락
퓨즈	○			○
차단기	○	○	○	○
개폐기	○	○	○	
단로기	○			
전자접촉기	○	○	○	

3) 전력퓨즈의 성능
   ① 용단특성
   ② 단시간 허용특성
   ③ 전차단 특성

03.

어느 수용가에 공급전압을 3상 6,600[V]로 수전하고자 한다. 수전점에서 계산한 3상 단락용량은 60[MVA]일 경우 이 수용 장소에 시설하는 수전용 차단기의 정격차단전류 I_s[kA]를 계산하시오.

정답

1) 계산과정

   단락전류 $I_s = \dfrac{P_s}{\sqrt{3}\,V} = \dfrac{60 \times 10^6}{\sqrt{3} \times 6,600} \times 10^{-3} = 5.25\,[\text{kA}]$

2) 정답 : 5.25[kA]

04.

66[kV], 500[MVA], %임피던스가 30[%]인 발전기에 용량이 700[MVA], %임피던스 20[%], 변압비가 66[kV]/345[kV]인 변압기가 접속되어 있다. 지금 변압기 2차 345[kV] 측에서 단락이 일어났을 때 단락 전류는 몇[A]인가?

정답

1) 계산과정
   ① 기준용량 선정 : 700[MVA]
   ② 발전기의 %임피던스 환산 $\%Z_g = \dfrac{700}{500} \times 30 = 42[\%]$
   ③ 단락점에서의 %임피던스 $\%Z = \%Z_g + \%Z_t = 42 + 20 = 62[\%]$
   ④ 2차 측 정격전류 $I_{2n} = \dfrac{P}{\sqrt{3}\,V_{2n}} = \dfrac{700 \times 10^3}{\sqrt{3} \times 345} = 1,171.43[A]$
   ⑤ 2차 측 단락전류 $I_s = \dfrac{100}{\%Z} I_{2n} = \dfrac{100}{62} \times 1171.43 = 1,889.4[A]$

2) 정답 : 1,889.4[A]

05.

그림과 같은 전력계통도에서 (1), (2), (3), (4)의 명칭을 쓰고 그 역할에 대하여 설명하시오.

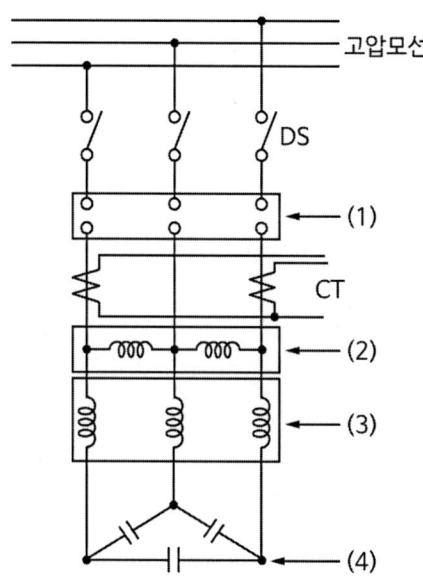

> 정답

(1) 교류 차단기 : 단락사고 등 사고전류와 부하전류 차단
(2) 방전코일 : 콘덴서에 축적된 잔류전하 방전
(3) 직렬 리액터 : 고조파 제거(특히 제5고조파)
(4) 전력용 콘덴서 : 역률 개선

06.

단상 변압기의 병렬운전조건 4가지를 쓰고, 이 같은 조건이 맞지 않을 경우에 발생되는 현상에 대하여 쓰시오.

> 정답

병렬운전조건	조건이 맞지 않는 경우
극성이 같을 것	순환전류가 흘러 권선이 소손
1, 2차 전압이 같을 것	순환전류가 흘러 권선이 소손
%임피던스 같을 것	%임피던스 적은 쪽으로 과부하
R과 L의 비가 같을 것	각 변압기의 전류 간에 위상차로 인한 동손 증가

07.

다음과 같이 22.9[kV-Y] 1000[kVA] 이하에 적용할 수 있는 수전설비 표준결선도에서 표시된 ①~④까지의 명칭을 쓰시오.

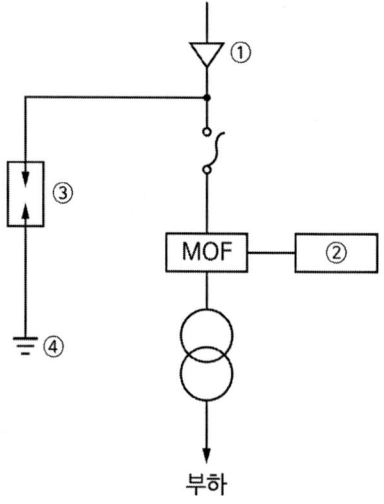

정답

① 케이블헤드
② 전력량계
③ 피뢰기
④ 접지공사(판단기준 : 제1종 접지공사)

08.

다음과 같이 22.9[kV] 특고압 수전설비의 단선도를 보고 다음 각 질문에 답하시오.

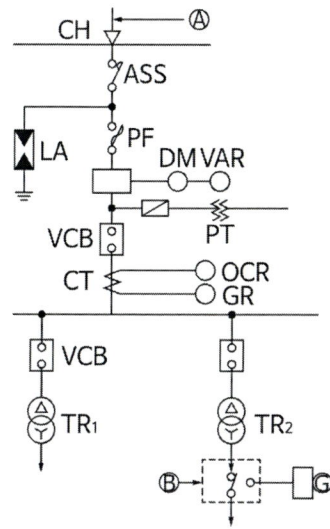

1) 도면에서 다음의 약호 명칭을 우리말로 표현하시오.
   ① ASS   ② LA   ③ VCB

2) TR1의 부하 용량의 합이 300[kW]이고, 역률 0.9, 수용률이 0.6일 경우 TR1변압기의 용량[kVA]을 계산하시오.

3) Ⓐ에 사용되는 케이블의 종류를 쓰시오?

4) Ⓑ의 명칭은 무엇인가?

정답

1) 약호 명칭
   ① ASS : 자동고장 구분 개폐기
   ② LA : 피뢰기
   ③ VCB : 진공차단기

2) 변압기 용량 계산 : $T_{r1} = \dfrac{300 \times 0.6}{0.9} = 200 [kVA]$

3) 케이블의 종류
   Ⓐ CNCV-W 케이블(수밀형)

4) 명칭
   Ⓑ 자동 절체 개폐기(ATS)

09.

지락사고 시 영상전류를 검출하여 계전기를 동작시키기 위한 방법 3가지를 쓰시오.

정답

1) 영상변류기(ZCT)에 의한 검출
2) CT 3대를 사용한 Y 잔류회로에 의한 검출
3) 3권선 CT를 이용한 검출(3차 영상분로회로 방식)

10.

다음 그림과 같이 200/5[A] 변류기 1차 측에 180[A]의 3상 평형전류가 흐를 때 전류계 A_3에 흐르는 전류는 몇 [A]인가?

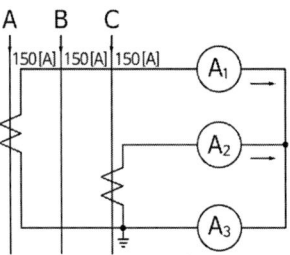

정답

1) 계산과정

$$I_2 = I_1 \times \frac{1}{CT비} = 180 \times \frac{5}{200} = 4.5[A]$$

A_1, A_2, A_3의 전류는 동일하다.

2) 정답
   4.5[A]

11.

3상 4선식 22.9kV 수전설비의 부하전류가 30A이고, 50/5A의 변류기를 통하여 과전류계전기를 설치한 수용가에서, 120%의 과부하에서 차단시키려면 트립 전류값을 몇 A로 설정하여야 하는지 계산하시오.

정답

1) 계산과정

   과전류계전기의 전류 TAP $I_t = 30 \times \dfrac{5}{50} \times 1.2 = 3.6A$

2) 정답

   TAP 설정 : 3.6A

12.

다음 그림과 같이 전압이 22.9[kV], 주차단기의 차단용량이 250[MVA]이며, 10[MVA], 22.9/3.3[kV] 변압기의 임피던스가 5.5[%]일 때, 다음 각 물음에 답하시오.

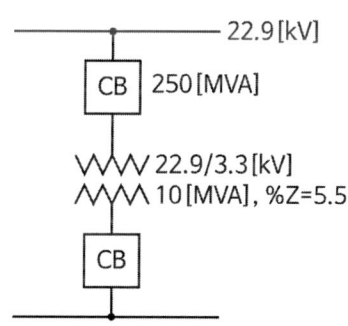

1) 기준용량은 10[MVA]로 정하고 임피던스 맵(Impedance mAp)을 작성하시오.

2) 합성 %임피던스를 산출하시오.

3) 변압기 2차 측에 필요한 차단기 용량을 구하여 제시된 표(차단기의 정격차단 용량표)를 참조하여 차단기 용량을 선정하시오.

차단기의 정격 차단용량[MVA]

30	50	75	100	150	250	300	400	500

> 정답

1) 기준 Base를 10[MVA]로 할 때 전원 측 임피던스

$$P_s = \frac{100}{\%Z_s}P_n \text{에서 } \%Z_s = \frac{P_n}{P_s} \times 100 = \frac{10}{250} \times 100 = 4[\%]$$

2) 합성 %임피던스 $\%Z = \%Z_s + \%Z_{tr} = 4 + 5.5 = 9.5[\%]$
   답 : 9.5[%]

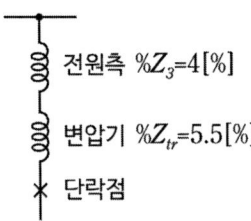

전원측 %Z_s=4[%]

변압기 %Z_{tr}=5.5[%]

단락점

3) 단락용량 $P_s = \frac{100}{\%Z}P_n = \frac{100}{9.5} \times 10 = 105.26[MVA]$

차단기 용량은 단락용량보다 커야 하므로 표에서 150[MVA] 선정
차단기 용량 : 150[MVA]

13.

단상 300[kVA] 변압기 3대로 △-Y 결선으로 하였을 경우, 저압 측 차단기의 차단용량 [MVA]를 계산하시오. (단, 변압기의 임피던스는 5[%])

> 정답

1) 계산과정
$$P_s = \frac{100}{\%Z}P_n = \frac{100}{5} \times 300 \times 3 \times 10^{-3} = 18[MVA]$$

2) 정답
   18[MVA]

14.

차단기의 정격전압이 7.2[kV]이고 3상 정격차단전류가 25[kA] 수용가의 수전용 차단기의 차단용량 [MVA]을 계산하시오.

정답

1) 계산과정
$$P_s = \sqrt{3}\, V_n I_s = \sqrt{3} \times 7.2 \times 25 = 311.77[MVA]$$

2) 정답
311.77[MVA]

15.

대형 부표준기 계기의 등급을 0.2급이라면 휴대용 계기(정밀급) 및 배전반용 소형계기의 등급에 대하여 쓰시오.

정답

1) 휴대용 계기(정밀급) : 0.5급
2) 배전반용 소형계기 : 2.5급

16.

전기실의 효율적인 위치 선정 조건에 대하여 5가지를 쓰시오.

정답

1) 부하의 중심에 가깝고, 배전에 편리할 것
2) 전원 인입과 구내 배전선의 인출이 편리할 것
3) 기기의 반출·입에 지장이 없고 증설·확장이 용이할 것
4) 부식성 가스, 먼지 등이 적을 것
5) 고온 다습한 곳이 아닐 것

17.

부하설비의 역률이 90[%] 이하로 저하된 경우(지상역률) 수용가 측에서 발생되는 손실 3가지를 쓰시오.

정답

1) 전력손실이 커진다.
2) 전압강하가 커진다.
3) 전기요금(기본요금)이 증가한다.

18.

욕실 등 물기, 습기가 많은 사용하는 장소에 콘센트를 시설하는 경우에 설치해야 하는 인체 감전 보호용 누전 차단기의 정격 감도 전류와 동작 시간은 얼마 이하를 사용하여야 하는가?

정답

1) 정격 감도 전류 : 15[mA] 이하
2) 동작 시간 : 0.03[sec] 이하

19.

전력퓨즈의 특징 중 단점 5가지를 쓰시오.

정답

1) 재사용이 불가하다.
2) 과도전류로 용단되기 쉽고 결상을 일으킬 우려가 있다.
3) 동작시간, 전류특성 조정이 곤란하다.
4) 비보호 영역이 있다.
5) 차단 시 이상전압이 발생한다.

20.

최대 수요 전력이 7,000[kW], 역률 92[%], 네트워크(Network) 수전 변압기의 과부하율 130[%] 경우 네트워크 변압기 용량은 몇 [kVA] 이상이어야 하는가?

정답

1) 네트워크 변압기 용량

$$\frac{7,000/0.92}{3-1} \times \frac{100}{130} = 2,926.42[kVA]$$

2) 답
2,926.42[kVA]

21.

스폿 네트워크(Spot Network) 수전방식에 대하여 설명하고 특징 3가지를 쓰시오.

1) 스폿 네트워크 방식

2) 특징

정답

1) 스폿 네트워크 방식
    배전용 변전소로부터 2회선 이상의 배전선으로 수전하는 방식으로 배전선 1회선에 사고가 발생한 경우 일지라도 다른 건전한 회선으로부터 자동적으로 수전할 수 있는 무정전 방식으로 신뢰도가 매우 높다.

2) 특징
    ① 무정전 전력공급이 가능하다.
    ② 공급신뢰도가 높다.
    ③ 전압 변동률이 낮다.
    ④ 부하증가에 대한 적응성이 좋다.

22.

다음은 수용률, 부등률 및 부하율을 나타낸 것이다. ( ) 안에 알맞은 내용을 쓰시오.

1) 수용률 $= \dfrac{\text{최대수용전력}}{(\quad)} \times 100[\%]$

2) 부등률 $= \dfrac{(\quad)}{\text{합성최대수용전력}}$

3) 부하율 $= \dfrac{\text{부하의 평균수용전력}}{(\quad)} \times 100[\%]$

정답

1) 부하설비용량의 합
2) 개별 최대수용전력의 합
3) 부하의 합성최대수용전력

23.

통전 상태에서 변류기 2차 측을 개로하면 변류기에는 어떤 현상이 발생하는가?

정답

변류기 1차 측 부하 전류가 모두 여자 전류가 되어 변류기 2차 측에 고전압을 유기하여 변류기의 절연을 파괴할 수 있다.

24.

변압기의 고압 측이 사용탭이 6,600[V]인 때에 저압 측의 전압이 95[V]였다. 저압 측의 전압을 약 100[V]로 유지하기 위해서는 고압 측의 사용탭을 얼마로 하여야 하는가? (단, 변압기의 변압비는 6,600/100[V]이다.)

정답

1) 계산 : 고압 측의 탭 전압
$$E_1 = \frac{V_1}{V_2} \times E_2 = \frac{6,600}{100} \times 95 = 6,270[V]$$
∴ 탭전압의 표준값인 6,300[V] 탭으로 선정

2) 답
6,300[V]

25.

대용량의 변압기 내부고장을 보호할 수 있는 보호 장치 5가지를 쓰시오.

정답

1) 비율차동 계전기
2) 과전류 계전기
3) 방압 안전장치
4) 브흐홀츠 계전기
5) 충격압력 계전기

26.

차단기 명판에 BIL 150[kV] 정격차단전류 20[kV], 정격전압 24[kV]일 때, 이 차단기의 정격 용량 [MVA]을 구하시오.

정답

1) 계산
$$P_s = \sqrt{3}\, V_n I_s = \sqrt{3} \times 24 \times 20 = 831.38 [MVA]$$

2) 답
831.38[MVA]

27.

다음 그림과 같이 변류비 60/5 CT 2개를 접속할 때 전류계에 3[A]가 흐른다면 CT 1차 측에 흐르는 전류는 몇 [A]인가?

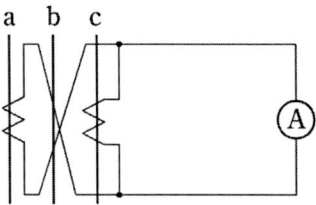

정답

1) 계산

$CT 1차 측 전류 = 전류계 지시값 \times \dfrac{1}{\sqrt{3}} \times 변류비$

2) 답
   20.78[A]

28.

부하전력이 480[kW], 역률 80[%]인 부하에 전력용 콘덴서 220[kVA]를 설치하면 역률[%]은 얼마인가?

정답

1) 계산

무효전력 $Q = \dfrac{480}{0.8} \times 0.6 = 360 [\kappa Var]$

개선 후 무효전력 $Q_c = 360 - 220 = 140 [\kappa Var]$

개선 후 피상전력 $P = \sqrt{480^2 + 140^2} = 500 [\kappa VA]$

개선 후 역률 $= \dfrac{480}{500} = 96 [\%]$

2) 답
   96[%]

29.

가스절연 개폐장치(GIS)의 대표적인 구성품 4가지를 쓰시오.

정답

1) 차단기
2) 단로기
3) 계기용 변압기
4) 변류기

30.

전력용 콘덴서 설치장소(2가지)와 전력용 콘덴서 및 직렬 리액터의 역할을 쓰시오.

1) 전력용 콘덴서 설치 장소

2) 전력용 콘덴서의 역할 및 직렬 리액터의 역할

정답

1) 전력용 콘덴서 설치 장소
   ① 부하 측에 설치
   ② 수전 측 모선에 집중하여 설치

2) 전력용 콘덴서의 역할 및 직렬 리액터의 역할
   ① 콘덴서의 역할 : 역률 개선
   ② 직렬 리액터의 역할 : 제5고조파 제거

31.

전력용 진상콘덴서의 정기점검 시 육안검사에 해당되는 항목 3가지를 쓰시오.

정답

1) 단자의 이완 및 과열유무 점검
2) 용기의 발청 유무점검
3) OIL 누유 유무 점검

32.

차단기에 비교하여 전력용 퓨즈의 장점 4가지에 대하여 쓰시오.

정답

1) 가격이 저렴하다.
2) 소형이며 경량이다.
3) 릴레이나 변성기가 필요 없다.
4) 고속도 차단이 가능하다.

33.

정격 용량 100[kVA]인 변압기에서 지상 역률 60[%]의 부하에 100[kVA]를 공급하고 있다. 역률 90[%]로 개선하여 변압기의 전용량까지 부하에 공급하고자 할 때, 다음 물음에 대해 계산하시오.

1) 소요되는 전력용 콘덴서의 용량[kVA]

2) 역률 개선에 따른 유효전력의 증가분[kVA]

정답

1) 소요되는 전력용 콘덴서의 용량[kVA]

역률 개선 전 무효전력 $Q_1 = P_a \sin\theta_1 = 100 \times 0.8 = 80 [kVar]$

역률 개선 후 무효전력 $Q_2 = P_a \sin\theta_2 = 100 \times \sqrt{1-0.9^2} = 43.59 [kVar]$

필요한 콘덴서의 용량 계산 $Q = Q_1 - Q_2 = 80 - 43.59 = 36.41 [kVA]$

답 : 36.41[kVA]

2) 역률 개선에 따른 유효전력 증가분

$\triangle P = P_a(\cos\theta_2 - \cos\theta_1)[kW] = 100(0.9 - 0.6) = 30[kW]$

답 : 30[kW]

34.

다음 개폐기 별 특징에 대해 빈칸에 알맞은 명칭을 쓰시오.

명칭	특징
①	• 전로의 접속을 바꾸거나 끊는 목적으로 사용 • 전류의 차단능력은 없음 • 무전류 상태에서 전로 개폐 • 변압기, 차단기 등의 보수점검을 위한 회로 분리용 및 전력계통 변환을 위한 회로분리용
②	• 평상시 부하전류의 개폐는 가능하나 이상 시(과부하, 단락)보호 기능은 없음 • 개폐 빈도가 적은 부하의 개폐용 스위치로 사용 • 전력 Fuse와 사용 시 결상방지 목적으로 사용
③	• 평상시 부하전류 혹은 과부하 전류까지 안전하게 개폐 • 부하의 개폐·제어가 주목적이고, 개폐 빈도가 많음 • 부하의 조작, 제어용 스위치로 이용 • 전력 Fuse와의 조합에 의해 Combination Switch로 널리 사용
④	• 평상시 전류 및 사고 시 대전류를 지장 없이 개폐 • 회로보호가 주목적이며 기구, 제어회로가 Tripping 우선으로 되어 있음 • 주회로 보호용 사용
⑤	• 일정치 이상의 과부하전류에서 단락전류까지 대전류 차단 • 전로의 개폐능력은 없음 • 고압개폐기와 조합하여 사용

정답

① 단로기
② 부하개폐기
③ 전자접촉기
④ 차단기
⑤ 전력퓨즈

35.

전력퓨즈의 사용 목적과 전력퓨즈의 단점을 보완하기 위한 대책을 3가지 쓰시오.

정답

1) 사용목적
   단락 전류차단

2) 전력퓨즈의 단점 보완 대책
   ① 결상 계전기를 사용한다.
   ② 사용 목적에 적합한 전용의 전력퓨즈를 사용한다.
   ③ 계통의 절연강도를 전력퓨즈의 과전압 값보다 높게 한다.

36.

전 부하에서 동손 100[W], 철손 40[W]인 변압기에서 최대 효율을 나타내는 부하는 몇[%]인가?

정답

1) 계산
$$m = \sqrt{\frac{P_i}{Pc}} \times 100 = \sqrt{\frac{40}{100}} \times 100 = 63.24[\%]$$

2) 답
   63.24(%)

37.

"부하율"의 정의와 부하율이 낮다는 것은 무엇을 의미하는지 2가지만 쓰시오.

정답

1) 부하율의 정의

   어떤 기간 중의 평균 수용 전력과 최대 수용 전력과의 비를 나타낸다.

   즉, 부하율 $= \dfrac{평균 전력}{최대 전력} \times 100 [\%]$

2) 부하율이 낮다는 의미
   ① 공급 설비를 유용하게 사용하지 못한다.
   ② 평균 수요 전력과 최대 수요 전력과의 차가 커지게 되므로 부하 설비의 가동률이 저하된다.

38.

다음 표에 나타낸 어느 수용가들 사이의 부등률을 1.2로 한다면 이들의 합성 최대 전력은 몇 [kW]인가?

수용가	설비용량[kW]	수용률[%]
A	100	85
B	200	75
C	300	65

정답

1) 계산

   합성 최대 전력 $= \dfrac{개별 최대수용 전력의 합}{부등률} = \dfrac{설비용량 \times 수용률}{부등률}$

   $= \dfrac{(100 \times 0.85) + (200 \times 0.75) + (300 \times 0.65)}{1.2} = 358.33 (kW)$

2) 답

   358.33[kW]

39.

직렬 콘덴서를 사용 목적에 대하여 쓰시오.

정답

역률을 개선하여 선로의 전압 강하를 감소키고 계통의 안전도를 증대시킨다.

40.

단상 500[kVA] 변압기 3대를 △-Y 결선으로 하였을 경우, 저압 측에 설치하는 차단기의 차단 용량을 구하시오. (단, 변압기의 %Z는 5.0[%])

정답

1) 계산

$$Ps = \frac{100}{\%Z} \times P_n = \frac{100}{5} \times 500 \times 3 \times 10^{-3} = 30[MVA]$$

2) 답
   30[MVA]

41.

철손과 동손이 같을 때 변압기 효율은 최고로 된다. 단상 220[V], 50[kVA]의 변압기의 정격전압에서 철손은 20[W], 전부하에서 동손이 160[W]이면 효율이 가장 크게 되는 부하율은 몇 [%]인가?

정답

1) 계산

$$m = \sqrt{\frac{P_i}{P_c}} \times 100 = \sqrt{\frac{20}{160}} \times 100 = 35.35[\%]$$

2) 답
   35[%]

42.

수용률(Demand Factor)을 계산하는 식을 쓰시오.

정답

$$수용률 = \frac{최대수용전력}{부하설비합계} \times 100[\%]$$

43.

정격출력 37[kW], 역률 0.8, 효율 0.8인 3상 유도 전동기가 있다, 변압기를 V결선하여 전원을 공급하고자 한다면 변압기 1대의 최소용량은 몇 [kVA] 이어야 하는가?

정답

1) 계산 : 변압기 1대 용량

$$P_1 = \frac{P_v[kVA]}{\sqrt{3}} = \frac{P[kW]}{\sqrt{3} \times \cos\theta \times \eta} = \frac{37}{\sqrt{3} \times 0.8 \times 0.8} = 33.38[kVA]$$

2) 답
33[kVA]

44.

역률 개선에 대한 효과에 대하여 4가지를 쓰시오

정답

1) 변압기와 배전선의 전력 손실 경감
2) 전압 강하의 감소
3) 설비 용량의 여유 증가
4) 전기 요금의 감소

45.

단권변압기는 1차, 2차 회로에 공통된 권선부분을 가진 변압기이다. 이런 단권변압기의 특징에 대하여 다음 물음에 답하시오.

1) 장점 (3가지)

2) 단점 (2가지)

3) 용도 (2가지)

정답

   1) 장점
      ① 1권선 변압기이므로 동량을 줄일 수 있어 경제적이다.
      ② 동손이 감소하여 효율이 좋아진다.
      ③ 부하용량이 등가용량에 비하여 커져 경제적이다.

   2) 단점
      ① 누설 임피던스가 적어 단락 전류가 크다.
      ② 1차 측에 이상전압이 발생시 2차 측에도 고전압이 걸려 위험하다.

   3) 용도
      ① 승압 및 강압용 단권변압기
      ② 초고압 전력용 변압기

46.

변류기의 1차 측에 전류가 흐르는 조건에서 2차 측을 개방하면 발생되는 문제점 2가지를 쓰시오.

정답

   1) 변류기 2차 측에 과전압 유기
   2) 절연파괴 및 소손

47.

그림과 같이 축전지의 부하 곡선을 보고 다음 물음에 답하시오.

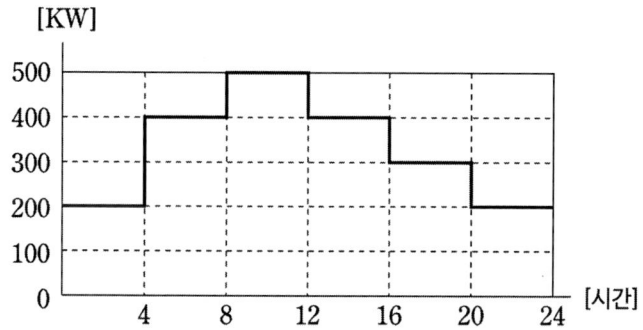

1) 첨두 부하는 몇 [kW]인가?

2) 첨두 부하가 지속되는 시간 몇 시부터 몇 시까지인가?

3) 일 공급 전력량은 몇 [kWh]인가?

4) 일 부하율은 몇 [%]인가?

정답

1) 500[kW]

2) 8시에서 12시

3) 일공급 전력량

계산 : W = (200+400+500+400+300+200)×4시간 = 8000[kWh]
답 : 8000[kWh]

4) 일 부하율

계산 : 일부하율 $= \dfrac{8000}{24 \times 500} \times 100 = 66.67 [\%]$ 답 : 66.67[%]

48.

어느 수용가의 총설비 부하 용량은 전등 800[kW], 동력 1200[kW]라고 한다. 각 수용가의 수용률은 60[%]이고, 각 수용가 간의 부등률은 전등 1.2, 동력 1.5, 전등과 동력 상호간은 1.3라고 하면 여기에 공급되는 변전시설용량은 몇[kVA]인가? (단, 부하 전력 손실은 5[%]로 하며, 역률은 100(%)로 계산한다.)

정답

1) 계산

$$Tr용량 = \frac{설비용량 \times 수용률}{부등률 \times 역률}$$

$$= \frac{\frac{800 \times 0.6}{1.2} + \frac{1200 \times 0.6}{1.5}}{1.3} \times (1 + 0.05) = 710[kVA]$$

2) 답

710[kVA]

49.

수용가들의 일평균 부하곡선이 다음 그림과 같을 때 물음에 답하시오. (단, 실선은 A 수용가, 점선은 B 수용가이다.)

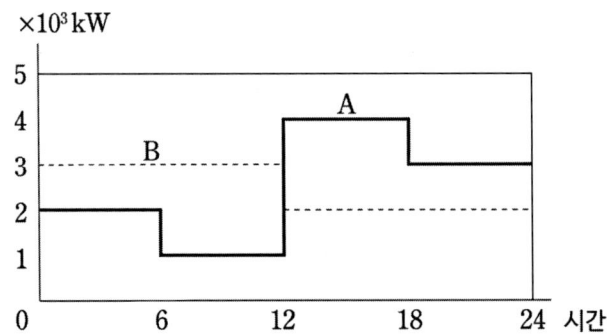

1) A, B 각 수용가의 수용률을 계산하시오. (단, 설비용량은 수용가 모두 10×10³[kW])

수용가	계산과정	수용률[%]
A		
B		

2) A, B 각 수용가의 일 부하율을 계산하시오.

수용가	계산과정	수용률[%]
A		
B		

3) A, B 각 수용가 상호간의 부등률을 계산하고, 부등률의 정의를 간단히 쓰시오.
   ① 부등률의 계산:
   ② 부등률의 정의:

정답

1) A, B 각 수용가의 수용률을 계산

수용가	계산과정	수용률[%]
A	수용률 $= \dfrac{4 \times 10^3}{10 \times 10^3} \times 100 = 40\,[\%]$	40[%]
B	수용률 $= \dfrac{3 \times 10^3}{10 \times 10^3} \times 100 = 30\,[\%]$	30[%]

2) A, B 각 수용가의 일 부하율을 계산

수용가	계산과정	수용률[%]
A	$\dfrac{(2{,}000 + 1{,}000 + 4{,}000 + 3{,}000) \times 6}{4{,}000 \times 24} \times 100 = 62.5\,[\%]$	62.5[%]
B	$\dfrac{(3{,}000 + 2{,}000) \times 12}{3{,}000 \times 24} \times 100 = 83.33\,[\%]$	83.33[%]

3) A, B 각 수용가 상호간의 부등률 계산, 부등률의 정의

   ① 부등률의 계산 : $\dfrac{4{,}000 + 3{,}000}{4{,}000 + 2{,}000} = 1.17$

   ② 부등률의 정의 : 전력 소비 기기를 동시에 사용하는 정도

50.

특고압 대용량 유입변압기의 내부고장이 생겼을 경우 보호하는 장치를 설치하여야 하는데, 이때 특고압 유입변압기의 보호 장치중 기계적 장치 3가지를 쓰시오.

정답

1) 충격가스압계전기
2) 충격압력계전기
3) 브흐홀쯔계전기

51.

화학공장의 전기설비로 역률 80(%), 용량 200[kVA]인 3상 유도부하가 사용되고 있다, 이 공장의 부하에 병렬로 전력용 콘덴서를 설치하여 합성 역률을 95(%)로 개선할 경우 다음 물음에 대해 답하시오.

1) 필요한 전력용 콘덴서의 용량[kVA]은 얼마인가?
2) 전력용 콘덴서에 직렬리액터를 함께 설치할 때 설치하는 이유와 용량은 몇[kVA]를 하여야 하는지 계산하시오.

정답

1) 계산 : 콘덴서 용량

$$Q_c = P(\tan\theta_1 - \tan\theta_2) = 200 \times 0.8 \left(\frac{0.6}{0.8} - \frac{\sqrt{1-0.95^2}}{0.95}\right) = 67.41[kVA]$$

답 : 67.41[kVA]

2) 직렬리액터를 함께 설치할 때 설치하는 이유와 용량
① 제5고조파의 제거
② 용량 : 여유율 고려하여 실제상은 콘덴서 용량의 6[%] 적용
   67.41×0.06=4.04[kVA]

52.

부하 설비 및 수용률이 그림과 같은 경우 이곳에 공급할 변압기의 용량을 계산하여 표준용량으로 결정하시오. (단, 부등률은 1.1, 종합 역률은 80[%]로 한다.)

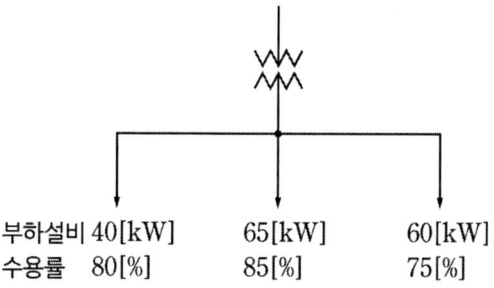

| 부하설비 40[kW] | 65[kW] | 60[kW] |
| 수용률 80[%] | 85[%] | 75[%] |

정답

1) 계산

$$변압기\ 용량 = \frac{40 \times 0.8 + 65 \times 0.85 + 60 \times 0.75}{1.1 \times 0.8} = 150.28[kVA]$$

2) 답

표준 용량 200[kVA] 선정

53.

아몰퍼스변압기의 장점과 단점을 3가지씩 쓰시오.

정답

1) 장점
  ① 무부하손실이 규소강판을 사용 시보다 약 80% 감소
  ② 손실 감소로 전력 절감 효과, 수명연장, 운전 유지 보수료 절감
  ③ 고주파 대역에서 우수한 자기적 특성에 의한 고효율 및 컴팩트화

2) 단점
  ① 메탈소재의 높은 경도와 나쁜 취성으로 인해 제작의 어려움
  ② 낮은 자속밀도 및 점적률에 의한 원가 상승
  ③ 압축응력이 가해지면 특성이 저하

보충

변압기 운전 중에 발생하는 손실(무부하손)의 경감을 위하여 규소강판을 아몰퍼스합금(Fe+Si+B+C)을 이용한 자성재료로 대치한 변압기로서 혼합물을 용융 후 급속냉각시켜 만들어지는 비정질 자성재료로 되며 원자의 배열에 규칙성이 없는 랜덤구조이므로 히스테리시스손이 적고 고유저항(규소강판의 3배)이 크고 두께(규소강판의 10%)가 얇아 와류손도 감소한다.

54.

다음 물음에 답하시오.

1) 역률을 개선하기 위한 전력용 콘덴서 용량은 최대 무효 전력 이하로 설정하여야 하는지 쓰시오.

2) 고조파를 제거하이 위해 콘덴서에 무엇을 설치해야 하는지 쓰시오.

3) 역률 개선 시 나타나는 효과 3가지를 쓰시오.

정답

1) 부하의 지상 무효 전력
2) 직렬리액터
3) ① 전력손실 경감 ② 전압 강하의 감소 ③ 설비 용량의 여유 증가

55.

변압기 손실과 효율에 대하여 다음 각 물음에 답하시오.

1) 변압기의 손실에 대하여 설명하시오.
   ① 무부하손
   ② 부하손
2) 변압기 효율 구하는 공식을 쓰시오
3) 최고 효율 조건에 대하여 쓰시오.

정답

1) 변압기의 손실
   ① 무부하손 : 부하의 유무에 관계없이 발생하는 손실로서 히스테리시스손과 와류손 등이 있다.
   ② 부하손 : 부하 전류에 의한 저항손을 말하며 동손과 표유부하손 등으로 구분한다.

2) 변압기 효율 $\eta = \dfrac{출력}{출력 + 손실} \times 100 [\%]$

3) 최고 효율 조건은 철손과 동손이 같을 때이다.

56.

콘덴서 회로에 고조파의 유입으로 인한 사고를 방지하기 위하여 콘덴서 용량의 13[%]인 직렬 리액터를 설치하고자 한다. 이 경우 투입시의 전류는 콘덴서 정격 전류(정상 시 전류)의 몇 배의 전류가 흐르게 되는지 구하시오.

정답

1) 계산
   콘덴서 투입 시 돌입전류
   $$I = I_n\left(1 + \sqrt{\dfrac{X_c}{X_L}}\right) = I_n\left(1 + \sqrt{\dfrac{X_c}{0.13 X_c}}\right) = 3.77 I_n$$

2) 답
   3.77배

57.

수용률의 정의와 수용률의 의미에 대하여 쓰시오.

정답

1) 정의

$$수용율 = \frac{최대수요전력[kW]}{부하설비합계[kW]} \times 100[\%]$$

2) 의미

수용 설비가 동시에 사용되는 정도를 나타내며 주상 변압기 등의 적정공급 설비용량을 파악하기 위하여 사용한다.

58.

특고압 차단기와 비교하여 전력퓨즈의 기능적인 면에 대한 장점을 5가지 쓰시오.

정답

1) 릴레이와 변성기가 필요 없다.
2) 고속도로 차단한다.
3) 보수가 용이하다.
4) 한류효과가 우수하다.
5) 가격이 저렴하다.

보충

장점	단점
• 소형 경량이다. • 가격이 싸다. • 릴레이와 변성기가 필요 없다. • 한류형은 차단 시 무방출, 무소음이다. • 고속도 차단한다. • 보수가 용이하다. • 한류효과가 우수하다. • 후비보호가 완벽하다.	• 재투입을 할 수 없다. (가장 큰 단점) • 과전류에서 용단될 수 있다. • 동작시간 – 전류 특성 조정이 불가능하다. • 최소차단전류 영역이 있다. • 차단 시 과전압을 발생(한류형)시킨다. • 고임피던스 접지계통의 지락보호는 불가하다.

59.

전력계통에 일반적으로 사용되는 리액터에는 병렬리액터, 한류리액터, 직렬리액터 및 소호리액터 등이 있다. 이들 리액터의 설치목적을 쓰시오.

1) 분로(병렬) 리액터

2) 직렬 리액터

3) 소호 리액터

4) 한류 리액터

정답

1) 페란티 현상의 방지
2) 제5고조파의 제거
3) 지락 전류의 제한
4) 단락 전류의 제한

60.

수전용량 1500[kW] 22.9[kV] 수전설비의 보호방식이다. 다음 물음에 답하시오. (단, CT비 50/5[A]의 변류기를 통하여 과부하 계전기를 시설하였고 150[%]의 과부하에서 차단기를 동작하며, 유도형 OCR(과전류 계전기)의 탭 전류는 3[A], 4[A], 5[A], 6[A], 8[A]이다.)

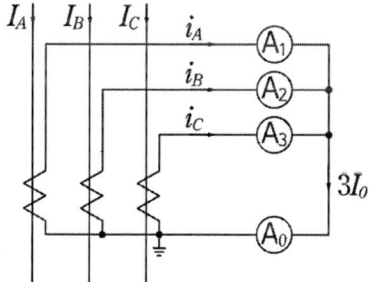

1) 영상전류 검출방법 중 무슨 방식인가?

2) A_1 계전기의 종류는?

3) A_0 계전기의 설치 목적은 무엇인가?

4) A_1 계전기의 전류 탭 값을 구하시오.

> 정답

1) Y결선 잔류회로 방식
2) 과전류계전기(OCR)
3) 지락전류 검출
4) 전류 탭 값
$$It = \frac{1,500 \times 10^3}{\sqrt{3} \times 22,900} \times \frac{5}{50} \times 1.5 = 5.67[A]$$
6(A) 설정

61.

22,900/13,200 3상 4선식으로 수전하며 수전 용량이 1,000[kW], 역률이 90[%]라 할 때, 이 인입구에 MOF를 시설하는 경우 MOF의 적당한 변류비와 변성비를 산출하여 표준 규격으로 선정하시오.

1) 변성(PT)비
2) 변류(CT)비

> 정답

1) PT비

계산 : $\frac{22,900}{\sqrt{3}} / \frac{190}{\sqrt{3}} = 13,200/110$

답 : 변성비 13,200/110 선정

2) CT비

계산 : $I_1 = \frac{1,000 \times 10^3}{\sqrt{3} \times 22.9 \times 10^3 \times 0.9} = 28.01[A]$

답 : 변류비 30/5 선정

62.

다음은 CLR(전류제한 저항기)에 대한 내용이다. 물음에 답하시오.

1) CLR의 역할 2가지를 쓰시오.

2) 다음 그림에서 □ 의 명칭과 사용목적을 쓰시오.

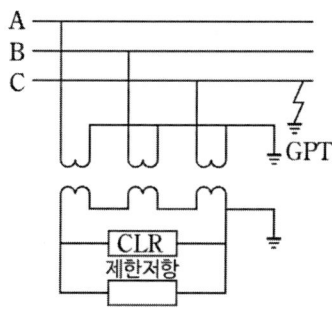

정답

1) CLR의 역할
   ① 지락전류 제한
   ② 계전기 동작에 필요한 유효전류 공급
   ③ 제 3고조파 억제

2) 명칭 : SGR(방향선택 지락계전기)
   사용목적 : 영상전류, 영상전압을 검출하여 기기 보호

63.

수전설비에서 고장전류 계산 목적 4가지를 쓰시오

정답

1) 차단기의 차단용량 결정
2) 전력기기의 기계적 강도 결정
3) 보호계전기의 정정
4) 통신유도장해 검토

64.

100/5[A]의 CT를 사용하여 2차 측을 측정한 결과 4.9[A]였다. 이때 변류기의 비오차를 계산하시오.

정답

1) 계산

$$\epsilon \frac{\frac{100}{5} - \frac{100}{4.9}}{\frac{100}{4.9}} \times 100 = -2[\%]$$

2) 답

-2[%]

보충

비오차(Error Ratio)

비오차란 공칭 변성비(K_n)와 실제 변성비(K)의 차를 실제 변성비(K)로 나눈 백분율

$$\epsilon = \frac{공칭 변류비 - 실제 변류비}{실제 변류비} \times 100 \; (단, 여기서 공칭변류비는 \frac{정격1차 전류}{정격2차 전류})$$

65.

한류저항기(CLR : Current Limit Resistor)에 대하여 다음 물음에 답하시오.

1) 한류저항기(CLR)의 설치위치를 쓰시오.

2) 한류저항기(CLR)의 설치목적 3가지를 쓰시오.

정답

1) 한류저항기(CLR)의 설치위치
   GPT 3차 권선에 보호계전기(SGR)와 병렬로 접속

2) 한류저항기(CLR)의 설치목적 3가지
   ① 철공진 등에 의한 중성점 불안정 현상 방지
   ② 계전기에 유효 전류 공급
   ③ 제 3고조파 억제 및 계통의 안정화계전기

66.

154[kV] 변압기가 설치된 옥외변전소에서 울타리를 시설하는 경우에 울타리로부터 충전부까지의 거리는 얼마 이상이 되어야 하는가? (울타리의 높이는 2[m].)

> 정답

4[m]

67.

감전 사고는 작업자 또는 일반인의 과실 등과 기계기구류 내외 전로의 절연불량 등에 의하여 발생되는 경우가 대부분이다. 저압에 사용되는 기계기구류 내의 전로의 절연불량 등으로 발생되는 감전사고를 방지하기 위한 대책 4가지를 쓰시오.

> 정답

1) 충분히 낮은 접지 저항을 얻을 수 있도록 접지 시설을 완벽하게 한다.
2) 고감도 누전 차단기 설치
3) 기계 기구의 외함 접지
4) 2중 절연 구조의 전기기기 선정

68.

전기설비의 보수 점검작업의 점검 후에 실시하여야 하는 유의사항을 3가지만 쓰시오.

정답

1) 단락용구의 제거
2) 최종확인, 최종작업
3) 점검의 기록

69.

상용주파 스트레스 전압에 대한 내용으로 물음에 답하시오.

1) 상용주파에서 스트레스 전압의 정의는 무엇인가?

2) 저압설비의 허용 스트레스 전압 범위의 빈칸을 채우시오.

고압계통에서 지락고장시간[초]	저압설비의 허용 상용주파 과전압[V]
>5	U_0+[①]
≤ 5	U_0+[②]
중성선 도체가 없는 계통에서 U_0 는 선간전압을 말한다.	

정답

1) 정의
   고압계통의 지락사고로 인하여 수용가 설비의 저압기기에 가해지는 전압
2) 허용 스트레스 전압 범위
   ① 250
   ② 1,200

70.

변압기의 절연내력 시험전압에 대한 ①~⑦의 빈칸에 알맞은 내용을 쓰시오.

구분	종류(최대사용전압을 기준으로)	시험 전압
①	최대사용전압 7 [kV] 이하인 권선 (단, 시험전압이 500[V] 미만으로 되는 경우에는 500[V])	최대사용전압 × ( )배
②	7 [kV]를 넘고 25 [kV] 이하의 권선으로서 중성선 다중접지식에 접속되는 것	최대사용전압 × ( )배
③	7 [kV]를 넘고 60 [kV] 이하의 권선 (중성선 다중접지 제외) (단, 시험전압이 10,500 [V] 미만으로 되는 경우에는 10,500 [V])	최대사용전압 × ( )배
④	60 [kV]를 넘는 권선으로서 중성점 비접지식 전로에 접속되는 것	최대사용전압 × ( )배
⑤	60 [kV]를 넘는 권선으로서 중성적 접지식 전로에 접속하고 또한 성형결선의 권선의 경우에는 그 중성점에 T좌 권선과 주좌 권선의 접속점에 피뢰기를 시설하는 것 (단, 시험전압이 75 [kV] 미만으로 되는 경우에는 75 [kV])	최대사용전압 × ( )배
⑥	60 [kV]를 넘는 권선으로서 중성적 접지식 전로에 접속하는 것. 다만 170 [kV]를 초과하는 권선에는 그 중성점에 피뢰기를 시설하는 것	최대사용전압 × ( )배
⑦	170 [kV]를 넘는 권선으로서 중성적 직접접지식 전로에 접속하고 또는 그 중성점을 직접 접지하는 것	최대사용전압 × ( )배
예시	기타의 권선	최대사용전압 × ( )배

정답

구분	종류(최대사용전압을 기준으로)	시험 전압
①	최대사용전압 7 [kV] 이하인 권선 (단, 시험전압이 500[V] 미만으로 되는 경우에는 500[V])	최대사용전압 × (1.5)배
②	7 [kV]를 넘고 25 [kV] 이하의 권선으로서 중성선 다중접지식에 접속되는 것	최대사용전압 × (0.92)배
③	7 [kV]를 넘고 60 [kV] 이하의 권선 (중성선 다중접지 제외) (단, 시험전압이 10,500 [V] 미만으로 되는 경우에는 10,500 [V])	최대사용전압 × (1.25)배
④	60 [kV]를 넘는 권선으로서 중성점 비접지식 전로에 접속되는 것	최대사용전압 × (1.25)배
⑤	60 [kV]를 넘는 권선으로서 중성적 접지식 전로에 접속하고 또한 성형결선의 권선의 경우에는 그 중성점에 T좌 권선과 주좌 권선의 접속점에 피뢰기를 시설하는 것 (단, 시험전압이 75 [kV] 미만으로 되는 경우에는 75 [kV])	최대사용전압 × (1.1)배
⑥	60 [kV]를 넘는 권선으로서 중성적 접지식 전로에 접속하는 것. 다만 170 [kV]를 초과하는 권선에는 그 중성점에 피뢰기를 시설하는 것	최대사용전압 × (0.72)배

⑦	170 [kV]를 넘는 권선으로서 중성적 직접접지식 전로에 접속하고 또는 그 중성점을 직접 접지하는 것	최대사용전압 X (0.64)배
예시	기타의 권선	최대사용전압 X (1.1)배

71.

최대 사용전압이 154,000[V]인 중성점 직접 접지식 전로의 절연내력 시험전압은 몇 [V]인가?

> 정답

1) 계산
   시험전압=154000 × 0.72 = 110,880[V]
2) 답
   110,880[V]

72.

보호 계전기에 필요한 특성 4가지를 쓰시오.

> 정답

1) 선택성   2) 신뢰성   3) 감도   4) 속도

73.

과전류계전기와 수전용 차단기 연동시험 시험 전에 준비하여야 하는 사항 3가지를 쓰시오.

> 정답

1) 수저항기   2) 전류계   3) 계전기 시험장치

74.

다음의 계전기 명칭을 쓰시오.

① OCR(51) - (   )   ② OCGR   - (   )
③ OVR(59) - (   )   ④ OVGR(64) - (   )
⑤ UVR(27) - (   )   ⑥ DOCR   - (   )
⑦ GR   - (   )   ⑧ SGR   - (   )

정답

① OCR(51) - (과전류 계전기)   ② OCGR - (지락 과전류 계전기)
③ OVR(59) - (과전압 계전기)   ④ OVGR(64) - (지락 과전압 계전기)
⑤ UVR(27) - (부족전압 계전기)   ⑥ DOCR - (방향성 과전류 계전기)
⑦ GR - (지락계전기)   ⑧ SGR - (지락 선택 계전기)

75.

변압기 병렬운전 조건이다. 조건이 맞지 않을 경우 어떤 현상이 나타나는지 (   )에 내용을 채우시오.

① 각 변압기의 %임피던스 강하가 같을 것 (   )
② 각 변압기의 극성이 같을 것 (   )
③ 각 변압기의 1, 2차 정격전압 및 권수비가 같을 것 (   )
④ 각 변압기의 내부 저항과 누설 리액턴스의 비가 같을 것 (   )
⑤ 각 변압기의 상회전 방향 및 위상 변위가 같을 것 (   )

정답

① 각 변압기의 %임피던스 강하가 같을 것 (부하의 분담이 균형을 이룰 수 없음)
② 각 변압기의 극성이 같을 것 (큰 순환전류가 흘러 권선이 소손)
③ 각 변압기의 1,2차 정격전압 및 권수비가 같을 것 (순환전류가 흘러 권선이 소손)
④ 각 변압기의 내부 저항과 누설 리액턴스의 비가 같을 것 (각 변압기의 전류가의 위상차가 생겨 동손이 증가)
⑤ 각 변압기의 상회전 방향 및 위상 변위가 같을 것 (순환전류가 흘러 권선이 소손)

76.

차단기의 트립방식 4가지에 대하여 간단히 설명하시오.

정답

1) 직류전압 트립방식 : 축전지 등의 직류전원의 에너지에 의하여 트립되는 방식
2) 과전류 트립방식 : 차단기의 주회로에 접속된 변류기의 2차전류에 의하여 차단기가 트립
3) 콘덴서 트립방식 : 충전된 콘덴서의 에너지에 의해 트립
4) 부족전압 트립방식 : 부속전압 트립장치로 인가된 전압의 저하에 의하여 차단기가 트립

77.

변압기 결선 방법 중 Y-Y-△(3권선 변압기)의 3권선의 용도에 대하여 쓰시오.

정답

1) 제3고조파 제거
2) 조상설비 설치
3) 소내 전력 공급용

78.

배전선의 전압을 조정하는 방법 4가지를 쓰시오.

정답

1) 유도전압 조정기 사용
2) 주상변압기 탭 조정
3) 승압기 설치
4) 콘덴서 설치

79.

송전로에 코로나가 발생할 경우 나쁜 영향들을 4가지만 설명하고 또한 코로나 발생 방지대책을 쓰시오.

정답

1) 영향
   ① 통신선에 유도 장해를 일으킨다.
   ② 코로나 손실이 발생해 송전효율을 저하시킨다.
   ③ 소호리액터의 소호능력을 저하시킨다.
   ④ 전선의 부식이 발생한다.
2) 방지대책
   굵은 전선을 사용하거나 복도체를 사용한다.

80.

송전선로의 안정도 증진방법 4가지를 쓰시오.

정답

1) 직렬 리액턴스를 작게 한다.
2) 전압 변동을 작게 한다.
3) 계통을 연계한다.
4) 고장전류를 줄이고 고장 구간을 고속도로 차단한다.

아우름 전기기능장 필답형 실기

PART 03
부하설비

CHAPTER 01 동력설비

1. 전동기 이론

1) 토크 (Torque)

물체에 작용하여 물체를 회전시키는 원인이 되는 물리량. 단위는 N·m 또는 kgf·m를 사용

$$\tau = K \times \frac{V}{f} \times I$$

K : 상수
I : 전류

2) 모터 회전속도

모터의 회전속도는 부하토크 외에 극수에 인가한 전원 주파수의 크기에서 결정

$$N = \frac{120 \times f}{P} \times (1-s)$$

N : 회전속도
P : 극수
s : 슬립

3) 슬립 (Slip)

유도전동기의 회전속도는 부하의 경중에 따라 동기속도보다 저하된 속도로 회전하게 되며 동기속도보다 저하된 정도

$$S = \frac{N_S - N}{N_S} \times 100$$

N_S : 동기속도
N : 회전속도

2. 전동기 선정 시 고려사항

1) 부하기계의 토크 및 속도특성에 적합한 특성 또는 요구사항에 맞을 것
2) 운전 형식에 적당한 정격(운전시간, 운전조건, 가역운전 등)과 냉각방식 등이 맞을 것
3) 사용 장소의 환경조건(옥내외, 주위온도, 먼지 등 분위기)에 알맞은 보호방식
4) 용도에 적합한 기계적 형식의 것

3. 유도전동기

1) 농형 유도전동기의 장단점

(1) 장점

① 구조가 간단
② 종류가 많아 주위환경과 부하의 운전조건에 적합한 전동기를 표준규격에서 구입이 용이

③ 효율이 높고, 신뢰성과 안전도가 높음

④ 가격이 저렴

(2) 단점

① 정밀 속도제어 시 별도의 속도제어장치가 필요

② 기동전류가 커서 대용량의 경우는 별도의 기동장치나 기동전류억제장치가 필요

2) 유도 전동기 기동법

구 분	직입기동	Y-⊿기동	Reactor 기동	Korndorfer 기동
기동방식	전 전압	감 전압	감 전압	감 전압
용 량	11kW 이하	11~55kW	55kW 이상	55kW 이상
기동전류	-	직입 기동 시의 1/3	직입 기동 시의 $1/\alpha$	직입 기동 시의 $1/\alpha^2$
기동토크	-	직입 기동 시의 1/3	직입 기동 시의 $1/\alpha^2$	직입 기동 시의 $1/\alpha^2$

※ α값은 2~2.5

4. 전동기의 보호

1) 과전류 보호

① 단락 사고에 대해 대비를 위하여 고압 전동기는 OCR, PF를 저압 전동기는 MCCB를 사용

② 과부하 사고에 대하여 주로 열동계전기로 보호

2) 결상보호

① 모터 결상 시 단상운전이 되어 과부하 운전이 되며 과전류가 흐름

② 2E, 3E, 4E EOCR을 사용

3) 전동기 회로의 보호방식

① 차단기 + 보호계전기

② 배선용차단기 + 전자 접촉기 + 보호계전기

③ 퓨즈 + 전자 접촉기 + 보호계전기

5. 농형유도전동기의 속도제어

1) 속도제어법의 구분

① 농형 전동기 : 극수변환, 주파수제어, 전압제어, 전자 카프링제어

② 권선형 전동기 : 2차 저항제어, 2차 여자제어

2) 극수변환제어

전동기의 회전수는 극수에 반비례하므로 고정자 권선의 접속을 변경하여 극수변환으로 속도를 제어하는 방법 $N = \dfrac{120f}{p}[rpm]$

3) 주파수 제어(VVVF)

인버터로 주파수를 변환하여 회전속도를 제어하는 방법

$V ≒ k\phi N ≒ k\phi \dfrac{120f}{P}$ (P : 극수 ϕ : 자속)

4) 1차 전압제어(VVCF)

유도전동기의 슬립이 일정하다면 토크는 1차 전압의 제곱에 비례하기 때문에 1차 전압을 제어하여 속도를 제어

$T \propto s V_1^2$ ($T ≒ \dfrac{sV_1^2}{n_0 r_2'}$)

CHAPTER 02 조명설비

1. 기본 용어

1) 방사속(Radiant Flux)
① 단위시간에 어떤 면을 통과하는 방사에너지의 양
② 단위는 와트(Watt ; W)

2) 광속(Luminous Flux)
① 사람의 눈에 보이는 빛
② 단위는 루우멘(lumen ; lm)이고 기호로는 F를 사용

3) 광량(lm · h)
① 광속의 시간적 적분으로 전구가 전 수명 중에 방사한 빛의 총량
② 광량 [lm · h] = 광속[lm] × 시간[h]

4) 광도(Luminous Intensity)
① 광원에서 어떤 방향에 대한 단위 입체각 당 광속이며, 빛의 세기 또는 빛의 강도를 의미
② 광도의 단위는 칸델라(Candela ; cd)

5) 조도(Illumination)
① 어떤 물체에 광속이 투사되어 밝게 비추어지는 면의 정도
② 단위는 룩스(Lux ; lx)

6) 휘도(Luminance)
① 어떤 방향으로부터 본 물체의 밝기
② 휘도의 단위
- 1㎠ 당 1cd의(cd/cm^2) = 1[sb], 스틸브(Stilb;sb)
- 1㎡ 당 1cd의(cd/m^2) = 1[nt], 니트(Nit;nt)

7) 광속발산도(Luminous Emittance)
① 어느 면의 단위면적으로부터 발산되는 광속을 광속발산도라 한다.
② 단위로는 radlux(rlx) 또는 apostilb(asb). 1 [rlx] = 1 [asb] = 1 $[lm/m^2]$

2. 기본 이론

1) 순응(Adaptation)

① 빛이 들어오는 양을 조절, 망막의 감광도를 변화시키는 눈의 능력을 의미이다.

② 암순응(Dark Adaptation)
어두운 곳에서의 순응을 말하며, 망막은 1~2만 배의 감광도를 얻게 된다.

③ 명순응(Light Adaptation)
밝은 곳으로 나왔을 경우의 순응을 말하며, 감광도가 급격히 떨어져서 1~2분 정도면 일정하게 된다.

2) Purkinje(퍼킨제, 푸르키네) 현상

① 주위 밝기에 따른 색의 명도가 변화하는 현상

② 밝은 곳에서는 적색이 밝게 보이고, 어두운 곳에서는 적색은 어두워 보이며, 청색이나 녹색이 밝게 보이는 현상

③ 퍼킨제 현상의 응용
 - 도로의 지명표지, 이정표, 간판
 - 어린이용 자동차 및 유니폼, 피난용유도등, 피난유도표지

3) 비시감도

① 밝을 때 파장 555[nm]의 밝기의 느낌을 1로 하고 이것과 같은 다른 파장의 밝기에 대한 느낌을 비교치한 것

② 명순응된 눈 555[nm], 암순응된 눈 510[nm]

4) 균제도

① 일정 공간에서의 빛의 균일한 분포정도를 나타내는 것

② $u_1 = \dfrac{최소조도}{평균조도}$, $u_2 = \dfrac{최소조도}{최대조도}$

5) 색온도

① 광원의 겉보기 색깔의 의미

② 광원이 방사하는 빛의 색조를 물리적, 객관적인 척도로 나타냄

6) 연색성

① 조명된 피사체의 색 재현 충실도를 나타내는 광원의 성질

② 연색성을 평가하는 단위는 연색지수로 나타내며, 연색지수는 물건의 색이 자연광 아래서 본 경우와 어느 정도 유사한가를 수량으로 나타낸 것

7) 분광분포

① 빛의 파장단위별 밀도로, 모든 빛의 파장단위별 밀도(Energy)를 나타내는 것
② 연색성을 중시하는 경우 가시광 전역에 걸쳐서 편차 없이 균일한 빛의 밀도를 갖는 광원이 이상적인 광원이라고 말할 수 있음

3. 배광에 따른 조명방식

1) 배광

① 배광특성 : 빛이 어느 방향으로 어떤 광도(cd)로 방사되는가를 나타낸 특성
② 배광곡선 : 광원의 중심을 통과하는 평면 위의 광도 분포를 표시하는 극좌표 곡선

2) 조명기구의 배광

방 식	기구형태	배광곡선	용 도
직접조명		0~10% 90~100%	일반조명 다운라이트
반직접조명		10~40% 60~90%	학교, 주택 일반사무실
전반확산 조명		40~60% 40~60%	고급사무실 상점, 주택
반간접조명		60~90% 10~40%	세밀한 일을 오래하는 장소
간접조명		90~100% 0~10%	대합실 임원실 회의실

4. 글레어의 정의

1) 정의

글레어는 시선에서 30° 이내의 시야 내에서 생기기 쉬우며, 이 범위를 글레어 존이라 함

2) 글레어의 발생원인

① 주위가 어둡고 눈이 순응되어 있는 휘도가 낮은 경우
② 광원의 휘도가 높은 경우
③ 광원이 시선에 가까운 경우
④ 광원의 겉보기 면적이 큰 경우와 광원의 수가 많은 경우

3) 글레어의 분류

분류	특징
직접글레어	휘도가 높은 물체가 직접 시야 속에 보일 때 발생
반사글레어	광택이 있는 표면에 비친 것에 의해 발생
불쾌글레어	고 휘도의 조명기구나 주간의 창에서 들어오는 빛의 눈부심 때문에 불쾌감을 느낌
불능글레어	대상물을 식별하는 능력을 저하시키는 생리적 측면의 눈부심

5. OLED

1) 자체 발광형
2) 넓은 시야각
3) 빠른 응답속도
4) 초박, 저전력
5) 간단한 공정구조

6. LED

구분	OLED	LED	형광등	백열등
특징	면광원	점광원	선광원	원광원
장점	다양한 형태 등기구화 효율 우수	고휘도 (신호등, 자동차)	저렴한 가격	저렴한 가격

7. 조명 설계 순서

1) 방의 형태 및 용도 검토

2) 조도의 선정

3) 방의 면적 산정

4) 감광보상률 산정

5) 램프의 선정

6) 조명방식 및 등기구 선정

7) 조명률 선정

8) 램프의 개수 선정

9) 조명의 배치

CHAPTER 03 핵심 예상 문제

01.

건축화 조명 방식에서 매입방법에 따른 종류 5개를 쓰시오.

정답

1) 매입 형광등 방식
2) 다운 라이트(Down Light)방식
3) 핀 홀 라이트(Pin Hole Light)방식
4) 코퍼 라이트(Coffer Light)방식
5) 라인 라이트(Line Light)방식

02.

양수량 15㎥/min, 양정 20m의 양수 펌프용 전동기의 소요전력[kW]을 구하시오. (단, K = 1.1, 펌프 효율은 80%로 한다.)

정답

1) 출력

$$P = \frac{9.8\,QHk}{\eta} = \frac{9.8 \times \frac{1}{60} \times 15 \times 20 \times 1.1}{0.8} = 67.38\,[kW]$$

2) 정답
   67.38[kW]

03.

매분 12[㎥]의 물을 높이 15[m]인 탱크에 양수하고자 한다. 필요한 전력을 단상 변압기 2대로 V결선한 변압기로 공급한다면, 여기에 필요한 단상 변압기 1대의 용량은 몇 [kVA]인가? 단, 펌프와 전동기의 합성 효율은 65[%]이고, 전동기의 전부하 역률은 80[%]이며 펌프의 축동력의 여유는 15[%] 적용한다.

정답

1) 계산과정

펌프용 전동기 출력 $P = \dfrac{9.8QHK}{\eta} = \dfrac{9.8 \times 12 \times \dfrac{1}{60} \times 15 \times 1.15}{0.65} = 52.02[kW]$

변압기 출력 $P_V = \sqrt{3}\,P_1 = \dfrac{P}{\cos\theta} = \dfrac{52.02}{0.8} = 65.03[kVA]$

$P_1 = \dfrac{P_V}{\sqrt{3}} = \dfrac{65.03}{\sqrt{3}} = 37.55[kVA]$

2) 정답 : 37.55[kVA] – 단, 변압기 표준용량 선정한다.

04.

다음 그림과 같은 전동기 Ⓜ과 전열기 Ⓗ에 공급하는 저압 옥내 간선을 보호하는 과전류 차단기의 정격 전류 최대값은 몇 [A]인가? (단, 간선의 허용 전류는 49[A], 수용률은 100[%]이며 기동 계급은 적용하지 않는다.)

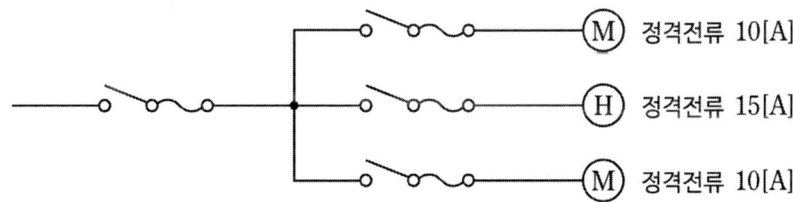

> 정답

1) 풀이

　간선 보호용 과전류 차단기의 정격 전류 선정
　$I_F = \sum I_M \times 3배 + \sum I_H = 3 \times (10+10) + 15 = 75[A]$
　$I_F' = 간선의 허용 전류 \times 2.5배 = 49 \times 2.5 = 122.5[A]$

　여기서, I_F와 I_F' 중 작은 값을 선정하여야 하므로 과전류 차단기의 정격전류를 75[A]로 선정

2) 정답
　75[A]

05.

지표면상 20[m] 높이의 수조가 설치되어있다. 이 수조에 18[㎥/min] 물을 양수하는데 필요한 펌프용 전동기의 소요 동력은 몇 [kW]인가? (단, 펌프의 효율은 70[%]로 하고, 여유계수는 1.1로 한다.)

> 정답

1) 계산
　$P = \dfrac{KQH}{6.12\eta} = \dfrac{1.1 \times 18 \times 20}{6.12 \times 0.7} = 92.44[kW]$

2) 답
　92.44[kW]

06.

380[V] 농형 유도전동기의 출력 30[kW] 1대가 있다. 이것을 시설한 분기회로의 전선의 굵기와 과전류 차단기의 정격전류를 계산하시오. (단, 역률은 85[%]이고, 효율은 80[%]이며 전선의 허용전류는 다음 표와 같다.

동선의 단면적[㎟]	허용전류[A]
6	49
10	61
16	88
25	115
35	162

1) 전선의 굵기

2) 과전류 차단기의 정격전류

정답

1) 전선의 굵기

　계산 : 전동기 정격전류 $I_M = \dfrac{30 \times 10^3}{\sqrt{3} \times 380 \times 0.85 \times 0.8} = 67.03[A]$

　　　　전선의 허용전류 $\geq 67.03 \times 1.1 = 73.73[A]$

　답 : 16[㎟]

2) 과전류 차단기의 정격전류

　계산 : 과전류 차단기 정격전류 $I_n \leq 2.75 \times I_M = 2.75 \times 67.03 = 184.33[A]$

　답 : 정격전류 175[A]

07.

옥내에 시설되는 단상전동기에 과부하 보호 장치를 하지 않아도 되는 전동기 용량의 기준은 몇 [kW] 이하인가?

정답

0.2[kW] 이하

08.

바닥면적이 12[㎡]인 방에 40[W] 형광등 2등을 점등 하였을 때 바닥면에서의 광속의 이용도(조명률)를 60[%]라 하면 바닥면의 평균 조도는 몇 [lx]인가? (단, 형광등1 등당의 전광속은 3,000[lm] 이다.)

정답

1) 계산
$$E = \frac{FUN}{AD} = \frac{3000 \times 0.6 \times 2}{12 \times 1} = 300[\text{lx}]$$

2) 답
   300[lx]

09.

지표면상 20[m] 높이에 수조가 설치되어있다. 이 수조에 초당 0.2[㎥]의 물을 양수하려고 한다. 여기에 사용되는 펌프 모터에 3상 전력을 공급하기 위하여 단상 변압기 2대를 사용하였다. 펌프 효율이 65[%]이고, 펌프 축 동력에 15[%]의 여유를 둔다면 변압기 1대의 용량은 몇 [kVA]이며, 또한 이때 변압기를 어떠한 방법으로 결선하여야 하는가? (단, 펌프용 3상 농형 유도 전동기의 역률은 80[%]로 한다.)

> 정답

1) 변압기 1대의 용량

① 양수 펌프용 전동기 $P = \dfrac{QHK}{6.12\eta} = \dfrac{0.2 \times 60 \times 20 \times 1.15}{6.12 \times 0.65} = 69.38[kW]$

[kVA]로 환산하면

$P_a = \dfrac{P}{\cos\theta} = \dfrac{69.38}{0.8} = 86.73[kVA]$

단상 변압기 2대로 3상 부하에 전력을 공급 할 수 있는 결선 방법은 V결선이고 이때의 출력(Pa) $P_a = \sqrt{3}\,P_1[Kva]$

② 변압기 1대 정격 용량 $P_1 = \dfrac{P_a}{\sqrt{3}} = \dfrac{86.73}{\sqrt{3}} = 50.07[kVA]$

답 : 50.07[kVA]

2) 변압기 결선방식
V결선

10.

어느 철강 회사에서 천장크레인의 권상용 전동기에 의하여 권상 중량 80[ton]을 2[m/min]로 권상하려고 한다. 권상용 전동기의 소요 출력은 몇 [kW] 정도이어야 하는가? (단, 권상기의 기계효율은 70[%]를 적용한다.)

> 정답

1) 계산

$P = \dfrac{W \times V}{6.12\eta} = \dfrac{80 \times 2}{6.12 \times 0.7} = 37.35[kW]$

2) 답

37[kW]

11.

평균조도 500[lx] 전반 조명을 시설한 40[㎡]의 방이 있다. 이 방에 조명기구 1대당 광속 500[lm], 조명률 50[%], 유지율 80[%]인 등기구를 설치하려고 한다. 이때 조명기구 1대의 소비 전력을 70[W]라면 이 방에서 24시간 연속 점등한 경우 하루의 소비전력량은 몇 [kWh]인가?

정답

1) 계산

$$N = \frac{EAD}{FU} = \frac{500 \times 40 \times \frac{1}{0.8}}{500 \times 0.5} = 100$$

소비전력량 $= Pt = 70 \times 100 \times 24 \times 0.001 = 168[kWh]$

2) 답

168[kWh]

12.

A철강회사에서 천장크레인의 권상용 전동기에 의하여 권상 중량 100[ton]을 3[m/min]로 권상하려고 한다. 권상용 전동기의 소요 출력은 몇 [kW] 정도이어야 하는가? (단, 권상기의 기계효율은 80[%]이다.)

정답

$$P = \frac{W \times V}{6.12\eta} = \frac{100 \times 3}{6.12 \times 0.8} = 71.27[kW]$$

13.

매분 12[㎥]의 물을 높이 15[m]인 탱크에 양수하는데 필요한 전력을 V결선한 변압기로 공급한다면, 여기에 필요한 단상 변압기 1대의 용량은 몇 [kWA]인가? (단, 펌프와 전동기의 합성 효율은 65[%]이고, 전동기의 전부하 역률은 80[%]이며, 펌프의 축동력의 여유는 15[%]로 한다.)

> 정답

1) 계산

$$P = \frac{HQK}{6.12\eta} = \frac{15 \times 12 \times 1.15}{6.12 \times 0.65} = 52.04[kW]$$

[kVA]로 환산하면

부하 용량 $= \frac{52.04}{0.8} = 65.05[kVA]$

2) 답

65[kVA]

14.

양수량 50[㎥/min], 총양정 15[m]의 양수 펌프용 전동기의 소요 출력[kW]은 얼마인지를 계산하시오. (단, 펌프의 효율은 70[%]이며, 1.1 여유계수를 적용한다)

> 정답

1) 계산

$$P = \frac{QHK}{6.12\eta} = \frac{50 \times 15 \times 1.1}{6.12 \times 0.7} = 192.58[kW]$$

2) 답

192.58[kW]

15.

3상 농형 유도전동기의 제동방법 중 역상제동에 대하여 쓰시오.

> 정답

회전중인 3상 전동기의 1차 권선 3단자 중 임의의 2단자의 접속을 바꾸면 역방향의 토크가 발생되어 제동시키는 방법으로 급속하게 정지 시키고자 할 때 사용된다.

16.

유효낙차 100[m], 최대사용 유량 10[㎥/sec]의 수력발전소에 발전기 1대를 설치하려고 한다. 발전기의 용량 [kVA]은 얼마인가? (수차와 발전기의 종합효율 및 부하역률은 각각 85[%]를 적용한다.)

정답

1) 계산

$$P_g = \frac{9.8 QH\eta_t\eta_g}{\cos\theta} = \frac{9.8 \times 10 \times 100 \times 0.85}{0.85} = 9,800[kVA]$$

2) 답
   9,800[kVA]

17.

단상 유도 전동기의 특징에 대하여 다음 물음에 답하시오.

1) 기동 방식을 4가지를 쓰시오.

2) 분상 기동형 단상 유도 전동기의 회전 방향을 바꾸는 방법은 무엇인가?

3) 단상 유도 전동기의 절연을 E종 절연물로 하였을 경우 허용 최고 온도는 몇 [℃]인가?

정답

1) 기동 방식
   ① 반발 기동형
   ② 세이딩 코일형
   ③ 콘덴서 기동형
   ④ 분상 기동형

2) 회전방향을 바꾸는 방법
   기동권선의 접속을 반대로 접속해서 회전방향을 바꾸어 준다.

3) 허용 최고 온도
   120[℃]

18.

3상 교류 전동기는 고장이 발생하면 여러 문제가 발생하므로, 전동기를 보호하기 위해 과부하 보호 이외에 여러 가지 보호장치를 하여야 한다. 3상 교류 전동기 보호를 위한 종류를 4가지를 쓰시오.

정답

1) 단락보호
2) 지락보호
3) 불평형 보호
4) 저전압 보호

아우름[AURUM]

아우름 전기기능장 필답형 실기

PART 04
예비전원설비

CHAPTER 01 예비전원설비의 조건

1. 비상용 예비전원설비의 조건 및 분류(KEC 244.1.2)

1) 비상용 예비전원설비의 전원 공급방법

① 수동 전원공급

② 자동 전원공급

2) 자동 전원공급 절환 시간

구 분	특 징
무순단	과도시간 내에 전압 또는 주파수 변동 등 정해진 조건에서 연속적인 전원공급이 가능한 것
순단	0.15초 이내 자동 전원공급이 가능한 것
단시간 차단	0.5초 이내 자동 전원공급이 가능한 것
보통 차단	5초 이내 자동 전원공급이 가능한 것
중간 차단	15초 이내 자동 전원공급이 가능한 것
장시간 차단	자동 전원공급이 15초 이후에 가능한 것

2. 의료장소내의 비상전원(KEC 242.10.5)

1) 절환시간 0.5초 이내에 비상전원을 공급하는 장치 또는 기기

① 0.5초 이내에 전력공급이 필요한 생명유지장치

② 그룹 1 또는 그룹 2의 의료장소의 수술등, 내시경, 수술실 테이블, 기타 필수 조명

2) 절환시간 15초 이내에 비상전원을 공급하는 장치 또는 기기

① 15초 이내에 전력공급이 필요한 생명유지장치

② 그룹 2의 의료장소에 최소 50%의 조명, 그룹 1의 의료장소에 최소 1개의 조명

3) 절환시간 15초를 초과하여 비상전원을 공급하는 장치 또는 기기

① 병원기능을 유지하기 위한 기본 작업에 필요한 조명

② 그 밖의 병원 기능을 유지하기 위하여 중요한 기기 또는 설비

CHAPTER 02 비상 발전설비

1. 비상발전기 용량선정 시 고려사항
1) 건축물의 목적, 부하용도
2) 부하의 중요성
3) 발전기 전압확립시간
4) 유도전동기의 기동전류
5) 소방부하의 법적사항

2. 동기발전기의 병렬운전 조건
1) 기전력의 크기가 같을 것
2) 기전력의 위상이 같을 것
3) 기전력의 주파수가 같을 것
4) 기전력의 파형이 같을 것

3. 저압 발전기와 고압발전기의 비교

구분	저압용 발전기	고압용 발전기
정격전압	• 220V, 380V	• 3.3kV, 6.6kV
정격출력	• 약 2,500kW 이하	• 고압기기 또는 대용량
장점	• 변전설비 저압 측에 연결이 용이하다. • 별도의 변압기 시설이 불필요하다. • 발전방식이 비교적 간단하다. • 변전실 면적 및 공사비 감소하다.	• 대용량을 발전기 설치가 가능하다. • 고압기기 사용이 가능하다. • 부하증설 및 변동에 대처가 용이하다. • 여러 종류의 전압요구에 대처가 용이하다.
단점	• 케이블이 굵어진다. • 단락전류와 차단용량이 크다. • 부하증설 및 변동 시 대처가 곤란하다.	• 발전기 고장 시 파급이 크다. • 별도의 변압기 시설이 필요하다. • 가격이 고가이다.
적용	• 일반 건축물	• 대규모 공장이나 대용량 비상부하설비

CHAPTER 03 무정전 전원장치(UPS)

1. UPS

1) 고품질 전력공급을 위한 축전지를 이용한 무정전 교류전원 시스템
2) 정류기를 이용하여 교류를 직류로 변화하여 저장하고, 인버터를 이용하여 직류를 교류로 이용하여 교류전원을 공급
3) 동작방식별(급전방식) 종류로는 On-Line, Off-Line, Line Interactive방식으로 구분할 수 있고, 시스템의 종류는 단일시스템과 병렬운전시스템으로 구성

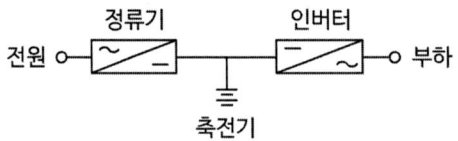

2. UPS 비교

구분	Static UPS(정지형)	Dynamic UPS(회전형)
구성	정류기, 축전기, 인버터 등	엔진, 인덕션커플링, 회전자, 발전기 등
효율	효율이 작다(82~92%).	효율이 크다(96% 이상).
설치면적	설치공간이 작다.	설치공간이 크다.
고조파	발생	없다.
수명	3~7년	20~25년
설치비용	저렴하다.	고가이다.
소음/진동	40~65dB/진동이 거의 없다.	90~95dB/진동이 크다.

3. 연/알칼리 축전지 비교

구분	연축전지	알칼리 축전지
공칭전압	2[V/cell]	1.2[V/cell]
기전력	2.05~2.08[V]	1.32[V]
공칭용량	10[Ah]	5[Ah]
자기방전	보통	작다
특징	• 축전지의 필요 셀수가 적다. • 충방전 전압의 차이가 적다. • 부피가 크고 무겁다. • 충방전 시 폭발성가스(H_2)가 발생한다.	• 극판의 기계적 강도가 강하다. • 저온특성이 좋다. • 부피가 작고 가볍다. • 충방전 시 폭발성가스(H_2)가 발생하지 않는다.

4. 축전지 용량산출 방법

1) 부하특성 결정
2) 방전 시간 결정
3) 부하용량과 방전전류 산정

$$방전전류(A) = \frac{부하용량[VA]}{정격전압[V]}$$

4) 부하특성곡선 작성
5) 최저온도 결정
   ① 온도가 낮아지면 – 방전특성이 낮아진다(최저 5~10℃), 추운지방(-5℃)
   ② 온도가 높아지면 – 방전특성이 좋아진다(35~45℃), 최고온도(45℃)
6) 허용최저전압(방전종지전압)결정
7) 용량환산 시간(K) 결정
   방전시간, 축전지의 온도, 허용최저전압, 축전지의 종류에 따라 산정
8) 보수율(L) : 일반적으로 L = 0.8 을 사용
9) 축전지 용량의 산출

$$C = \frac{1}{L}[K_1 I_1 + K_2(I_2 - I_1) + \dots K_n(I_n - I_{n-1})](Ah)$$

C : 25℃에 있어서의 정격 방전율 환산 용량(Ah)
L : 보수율 0.8   K : 용량환산시간   I : 방전전류(A)

5. 충전방식

보통충전	필요할 때마다 표준 시간율로 소정의 충전을 하는 방식
급속충전	비교적 단시간에 보통 충전 전류의 2~3배의 전류로 충전하는 방식
부동충전	정류기에 축전지와 부하와의 병렬로 접속하고 항상 축전지에 정전압을 가해 이것을 충전상태에 놓아서 정전 시 또는 부하변동 시에 무순단으로 축전지에서 부하에 전력을 공급하는 방식
균등충전	축전지 장기간사용하는 경우 충전상태를 균일하게 하기 위해서 하는 일종의 과충전 방식
세류충전	자기 방전량만을 항상 충전하는 부동충전 방식의 일종

CHAPTER 04   핵심 예상 문제

01.

다음 그림과 같이 UPS장치 시스템을 구성하는 CVCF의 회로를 보고 다음 물음에 답하시오.

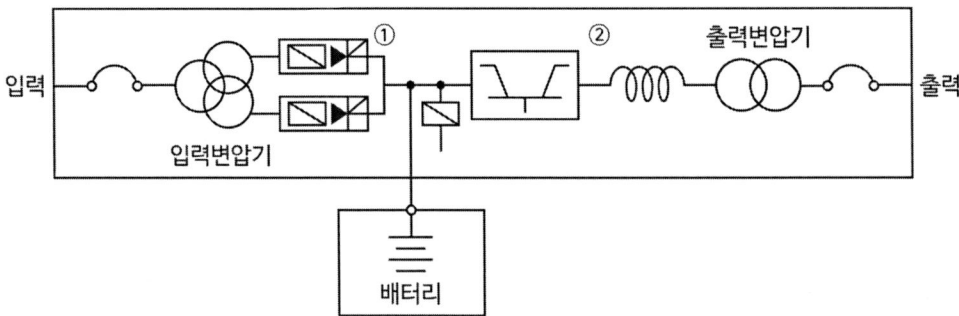

1) UPS 장치는 어떤 기능의 장치인가?

2) CVCF는 어떤 의미인가?

3) 도면에서 ①, ②에 해당되는 것은 무엇인가?

정답

1) 무정전 전원 공급장치
2) 정전압 정주파수 장치
3) ① 정류기(컨버터) ②인버터

02.

다음 물음에 대해 각각 답하시오

1) 단순부하인 경우 부하 입력이 600 [kW], 역률 0.8, 효율 0.85 일 때 비상용일 경우 발전기 출력은?

2) 발전기실의 위치선정할 때 고려해야 할 사항 3가지를 쓰시오.

3) 발전기 병렬 운전 조건 4가지를 쓰시오.

정답

1) $P = \dfrac{\sum W_L \times L}{\cos\theta} = \dfrac{600 \times 1.0}{0.8 \times 0.85} = 882.35 [kVA]$

2) 위치선정할 때 고려해야 할 사항
    ① 엔진기초는 건물기초와 관계없는 장소로 할 것
    ② 발전기의 보수 점검 등이 용이하도록 충분한 면적 및 층고를 확보할 것
    ③ 급·배기가 잘되는 장소일 것

3) 발전기 병렬 운전 조건
    ① 기전력의 크기가 같을 것
    ② 기전력의 주파수가 같을 것
    ③ 기전력의 위상이 같을 것
    ④ 기전력의 파형이 같을 것

03.

발전기를 병렬 운전하려고 한다. 병렬 운전 조건 4가지를 쓰시오.

정답

    1) 기전력의 크기가 같을 것
    2) 기전력의 위상이 같을 것
    3) 기전력의 파형이 같을 것
    4) 기전력의 주파수가 같을 것

04.

축전지에 대한 내용이다. 다음 물음에 답하시오.

1) 축전지의 각 전해조에 일어나는 전위차를 보상하기 위해 1~3개월마다 1회 정전압으로 10~12시간 충전하는 충전방식의 명칭을 쓰시오.

2) 정류기가 축전지의 충전에만 사용되지 않고 평상시 다른 직류부하의 전원으로 병행하여 사용되는 충전방식의 명칭을 쓰시오.

> 정답

1) 균등충전방식
2) 부동충전방식

05.

사용 중인 UPS의 2차 측에 단락사고 등이 발생 했을 때 UPS와 고장 회로를 분리 할 수 있는 방식 3가지를 쓰시오.

> 정답

1) 배선용차단기에 의한 방식
2) 속단퓨즈에 의한 방식
3) 반도체차단기에 의한 방식

> 보충

구분		배선용 차단기	속단퓨즈	반도체 차단기
회로구성				
동작 시간	정격 4배에서	3s~30s	20ms~600ms	100μs~150μs
	정격 10배에서	10ms~4s	2ms~4ms	
적용한계		단시간 영역에서는 협조가 안 됨 (10~20ms 이하의 영역)	수[ms] 이하의 영역에서 협조가 안 됨	과부하 내량을 예상하고 협조가 쉽다.
전류특성		반한시	반한시	일정
콘덴서 부하대책		-	돌입전류 대책필요	돌입전류 대책필요

06.

비상용 조명 부하 110[V]용 58등, 60[W] 50등이 있다. 방전 시간 30분, 축전기 HS형 54[cell], 허용 최저 전압 100[V], 최저 축전지 온도 5[°C]일 때 축전지 용량은 얼마[Ah]인가?(단, 보수율 0.8, 용량 환산 시간 K=1.2)

정답

1) 계산

부하전류 $I = \dfrac{P}{V} = \dfrac{100 \times 58 + 60 \times 50}{110} = 80\,[A]$

$\therefore$ 축전지 용량 $C = \dfrac{1}{L}KI = \dfrac{1}{0.8} \times 1.2 \times 80 = 120\,[Ah]$

2) 계산
120[Ah]

07.

○○지역 발전소의 발전기가 13.2[kV], 용량 93,000[kVA], %임피던스 95[%]일 때, 임피던스는 얼마 [Ω]인가?

정답

1) 계산

$\%Z = \dfrac{PZ}{10\,V^2}$ 이므로

$Z = \dfrac{\%Z \times 10\,V^2}{P} = \dfrac{95 \times 10 \times 13.2^2}{93,000} = 1.78\,[\Omega]$

2) 답
1.78(Ω)

08.

다음과 같은 부하 특성의 소결식 알칼리 축전지의 용량 저하율 L은 0.85이고, 축전기의 최저온도 5[°C], 허용 최저 전압은 1.06[V/cell]일 때 축전지 용량은 얼마[Ah]인가? (단, 용량 환산 시간 K_1=1.22, K_2=0.98, K_3=0.52 이다.)

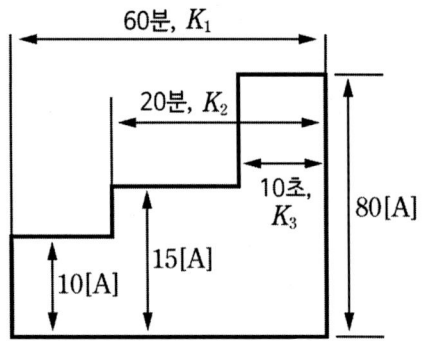

정답

1) 계산

$$C = \frac{1}{L} K_1 I_1 + K_2 (I_2 - I_1) + K_3 (I_3 - I_2)$$

$$= \frac{1}{0.85} [1.22 \times 10 + 0.98(15 - 10) + 0.52(80 - 15)] = 59.88 \, [Ah]$$

2) 답

59.88 [Ah]

09.

부하가 유도 전동기이며 기동용량이 1826[kVA]이고, 기동 시 전압강하는 21[%]이며, 발전기의 과도 리액턴스가 26[%]일 때. 비상발전기의 정격용량은 몇[kVA] 이상이어야 하는지 계산하시오.

정답

1) 계산

$$\left(\frac{1}{e} - 1\right) \times x_d \times 기동용량 = \left(\frac{1}{0.21} - 1\right) \times 0.26 \times 1,826 = 1,786 [kVA]$$

2) 답

1,786[kVA]

10.

알칼리 축전지의 정격용량은 100[Ah], 상시부하 6[kW], 표준전압 100[V]인 부동 충전 방식의 충전기 2차 전류는 몇[A]인지 계산하시오. (단, 알칼리 축전지의 방전율은 10시간으로 한다.)

정답

1) 계산

$$충전기 2차 전류 = \frac{100}{10} + \frac{6,000}{100} = 70[A]$$

2) 답
70[A]

11.

다음은 상용전원과 예비전원 운전 시 주의하여야 할 사항이다. ( ) 안에 알맞은 내용을 채우시오.

> 상용전원과 예비전원 사이에는 병렬운전을 하지 않는 것이 원칙이므로 수전용 차단기와 발전용 차단기 사이에는 전기적 또는 기계적 (①)을 시설해야 하며 (②)를 사용해야 한다.

정답

① 인터록
② 전환개폐기

12.

주로 사용되는 축전지의 충전하는 방식 4가지를 쓰시오.

정답

1) 급속충전
2) 부동충전
3) 세류충전
4) 균등충전

13.

동기발전기 병렬운전조건 4가지를 쓰시오

정답

1) 기전력의 크기가 같을 것
2) 기전력의 위상이 같을 것
3) 기전력의 파형이 같을 것
4) 기전력의 주파수가 같을 것

14.

축전기실 등의 시설에 관한 설명이다. 다음 물음에 알맞은 답을 쓰시오.

1) (①)를 초과하는 축전지는 비접지 측 도체에 쉽게 차단할 수 있는 곳에 (②)를 설치하여야 한다.

2) 옥내전로에 연계되는 축전이는 비접지 측 도체에 (③)를 시설하여야 한다.

3) 축전지실 등은 폭발성의 가스가 축적되지 않도록 (④) 등을 시설하여야 한다.

정답

1) 30[V]
2) 개폐기
3) 과전류보호장치
4) 환기장치

15.

예비전원 설비가 구비하여야 할 조건 4가지를 쓰시오.

정답

1) 비상용 부하의 사용목적에 적합한 방식의 전원설비일 것
2) 신뢰도가 높을 것
3) 조작, 취급, 운전이 쉬울 것
4) 경제적일 것

아우름[AURUM]

아우름 전기기능장 필답형 실기

PART 05
피뢰, 접지설비

CHAPTER 01 피뢰설비

1. 피뢰방식

1) 피뢰방식은 크게 수뢰부, 인하도선, 접지설비로 구분한다.
2) 일반적으로 피뢰방식은 피뢰설비 중 수뢰부 방식을 의미한다.

2. 피뢰설비 종류(수뢰부)

1) 돌침방식

뇌격은 선단이 뾰족한 금속도체 부분으로 방전이 용이하기 때문에 금속 돌침으로 뇌격을 방전하는 방식

2) 수평도체 방식

건축물의 수뢰부에 수평으로 도체를 설치하는 방식

3) Mesh 방식

건축물의 수뢰부에 그물망 또는 케이지형태로 피뢰설비를 설치하는 방식

4) 케이지방식

건축물의 외부(수뢰부, 측면 등) 전체를 Mesh 도체로 설치하는 방식

5) 선행방전피뢰침, 광역피뢰침(ESE : Early Streamer Emission, 선행스트리머방식)

돌침에 수동적인 낙뢰방전을 능동적으로 반응

3. 피뢰설비 설치방법

1) 보호레벨 선정

건축물의 높이 및 상부구조, 낙뢰빈도 등을 고려

2) 수뢰부 계획

① 보호각법
돌침의 보호각을 이용하여 건축물을 보호하는 방식
② 회전구체법
피뢰시스템 레벨에 따라 가상의 회전구체 크기를 산정

③ Mesh법

건축물 상부를 나동선 또는 부스바 재질로, 그물망으로 촘촘히 구성하는 방식

피뢰시스템의 레벨	보호법		
	회전구체 반경(m)	메시치수(m)	보호각
I	20	5×5	아래 그림 참조
II	30	10×10	
III	45	15×15	
IV	60	20×20	

[표] 피뢰시스템의 레벨별 회전구체 반경, 메시치수와 보호각의 최댓값

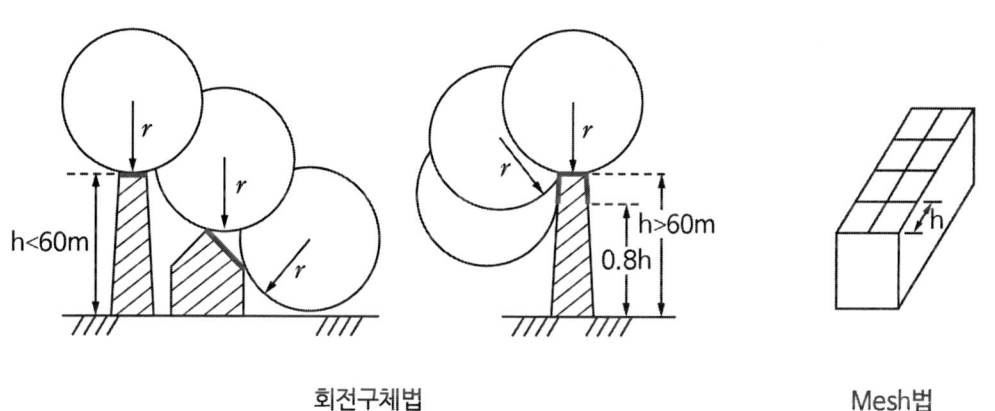

회전구체법 Mesh법

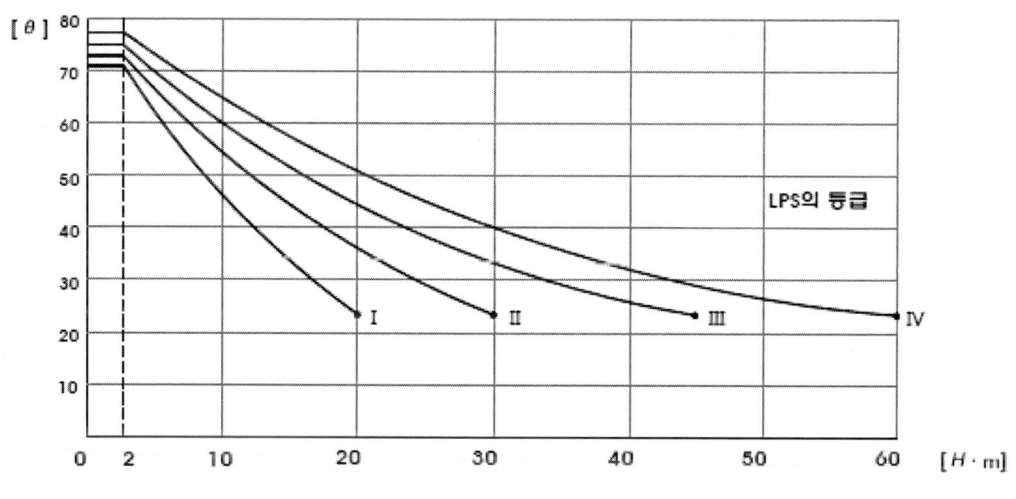

[그림] 보호각 법
1. 표를 넘는 범위에는 적용할 수 없으며, 단지 회전구체법과 메시법만 적용
2. 대상 지역 기준평면으로부터의 높이

3) 인하도선 계획

① 피뢰시스템 레벨에 따라 인하도선의 간격과 인하도선의 재질에 따른 두께 등을 결정

② 상부의 낙뢰서지를 신속히 접지로 이동시키기 위해서 굵고, 짧은 거리로 계획

③ 건축물의 구조에 따라서 철골 등을 인하도선으로 사용

④ 인하도선(자연적 구성부재)
- 금속재 설비는 전기적 연속성에 내구성 있을 것(납땜, 용접, 압착, 봉합, 나사조임 등)
- 건축물의 전기적 연속성을 가지는 철근콘크리트 구조체의 금속 상단부와 하단부의 저항 0.2Ω 이하인 경우

4) 접지설비 계획

A형/B형 접지, 공통접지/통합접지

CHAPTER 02 피뢰기(LA)

1. 피뢰기의 주요특성

1) 이상전압 침입 시 신속히 방전
2) 이상전압 방전 시 전력계통의 단자전압을 일정 이하로 유지
3) 이상전압 방전 후에는 신속히 속류를 차단하고 절연상태로 회복
4) 지속적인 반복동작에도 특성이 변하지 않을 것

2. 피뢰기의 종류

1) 갭저항형

① 직렬갭 + 특성요소(SiC)로 구성
② 탄화규소(SiC) 입자($200\mu m$)을 입체적으로 접촉한 것을 자기결합체로 소결한 구조
③ SiC는 절연특성이 좋지 않고, 연속사용하면 열파괴 현상이 생겨 직렬갭과 조합하여 사용

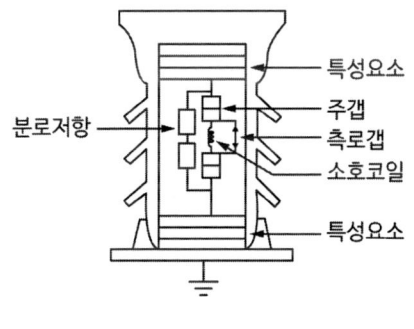
[그림] 갭저항형 구조도

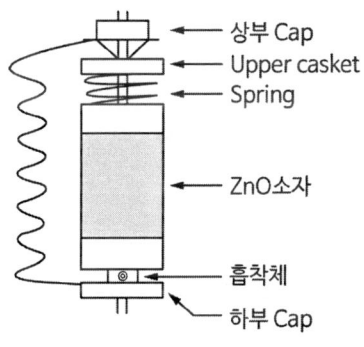
[그림] 산화아연형 구조도

2) 갭레스형(ZnO소사 특성)

① 직렬갭이 없고, 비직선 저항특성의 산화아연소자를 적용
② 산화아연(ZnO) 입자($5\sim 10\mu m$)을 입체적으로 접촉한 것을 고저항층(Bi_2O_3)으로 소결한 구조
③ 우수한 비직선 저항특성이 있고, 수십μA 정도의 전류밖에 흐르지 않으므로 직렬갭이 필요 없음
④ 구조간단, 소형경량, 가격이 저렴
⑤ 속류에 따른 특성요소의 변화가 적음

3. 피뢰기의 정격

1) 정격전압

① 정격주파수일 때 동작책무를 규정회수 이상 반복할 수 있는 전압, 실횻값으로 표현

$$정격전압 = 공칭전압 \times \frac{1.4}{1.1} [kV]$$

ex) $22 \times \frac{1.4}{1.1} = 28kV$ 인데, 보호성을 높이기 위해서 한 등급 낮은 24kV를 적용

2) 공칭방전전류

공칭방전전류	설치장소	적용조건
10,000A	변전소	• 154kV 이상의 계통 • 66kV 및 Bank 용량이 3,000kVA를 초과하거나 특히 중요한 곳 • 장거리 송전선 케이블
5,000A	변전소	• 66kV 및 Bank용량이 3,000kVA 이하
2,500A	선로	• 배전선로, 배전선 Feeder 인출 측 • 22.9kV-y 이하의 전력계통은 일반적으로 적용

4. 피뢰기 설치장소 (한국전기설비규정 KEC 341.13)

1) 발변전소・변전소 또는 이에 준하는 장소의 가공전선 인입구 및 인출구
2) 가공전선로에 접속하는 배전용 변압기의 고압 측 및 특고압 측
3) 고압 및 특고압 가공전선로로부터 공급받는 수용 장소의 인입구
4) 가공전선로와 지중전선로가 접속되는 곳

5. 피뢰기 설치위치

1) 케이블 종단, 케이블 양단, 가공선과 케이블 접속점
2) 수변전 인입 측에 PF, COS전단에 설치
3) 주 보호는 변압기이므로 변압기에 근접하도록 설치

CHAPTER 03 서지흡수기(SA)

1. 서지흡수기(SA) 설치 목적

1) 서지흡수기는 수 변전시스템의 선로에서 발생할 수 있는 개폐서지, 순간과도전압 등에 이상전압이 2차 기기에 악영향을 주는 것을 방지하기 위한 서지방류 장치를 말한다.
2) 동작원리는 피뢰기와 동일하며, 서지발생원은 대부분 차단기(VCB)의 개폐서지에 기인하고, 보호대상은 Mold변압기, 건식변압기와 고압전동기를 대상으로 한다.

2. 서지흡수기(SA) 정격

공칭전압[kV]	정격전압[kV]	공칭방전전류[kA]
3.3	4.5	5
6.6	7.5	5
22.9[Y]	18	5

3. 서지흡수기(SA) 설치위치

1) 보호대상의 기기 전단에 설치한다.
2) 주로 VCB의 개폐서지로부터 건식변압기와 고압전동기를 보호한다.

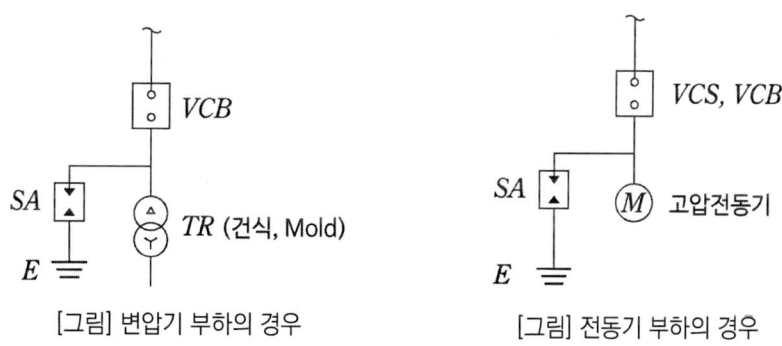

[그림] 변압기 부하의 경우   [그림] 전동기 부하의 경우

CHAPTER 04 SPD(서지보호기, Surge Protective Device)

1. SPD 선정 시 고려사항

1) 서지(Surge)제한
   ① 서지가 없을 때 : 서지가 없는 정상상태에서 SPD는 설치된 계통에 영향을 미치지 말 것
   ② 서지가 침입할 때 : SPD는 침입한 서지에 신속하게 응답하여 임피던스를 저하시켜 서지전류를 접지 측으로 흘려서 서지전압을 보호대상 기기의 임펄스 내전압 이하로 제한할 것
   ③ 서지가 소멸된 때 : 서지가 소멸된 후 SPD는 높은 임피던스 상태로 복귀되며, 연속사용전압에 견딜 것

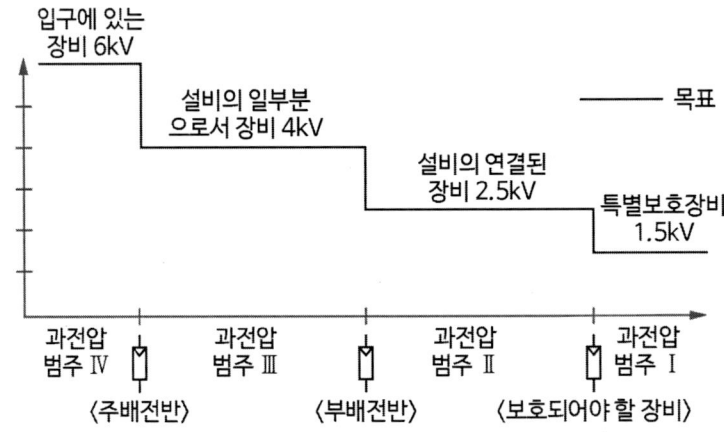

[기기에 요구되는 정격임펄스 내전압(KS C IEC 60364-4-44)]

2) 누설전류가 적고 수명이 길 것
3) 과도적으로 흐르는 대전류가 입사되는 동안 서지전압을 정상 운전전압 정도의 값으로 확실하게 제한할 것
4) SPD는 예상되는 최대 서지전압이 침입하였을 때에도 견딜 것
5) SPD의 크기는 작고 유지보수가 간편할 것
6) 서지전압에 대한 보호회로는 손상되지 않고 연속성 또는 지속성의 과도 과전압도 방호할 수 있어야 하며, 주위 환경에 견딜 것
7) 적절한 분리기를 설치하고, 가격이 저렴할 것
8) SPD의 부품과 회로가 협조를 이루어야 하며, 접속선의 길이와 굵기가 적절할 것

2. SPD 종류

1) 전압스위칭형 SPD

① 서지가 인가되지 않는 경우 : 높은 임피던스 상태

② 서지 유입 : 전압서지에 응답하여 급격하게 낮은 임피던스 값으로 변화

2) 전압제한형 SPD

① 서지가 인가되지 않는 경우 : 높은 임피던스 상태

② 서지 유입 : 임피던스가 연속적으로 낮아지는 기능

3) 복합형 SPD

① 전압스위칭형 + 전압제한형 조합된 SPD

② 인가전압 특성에 따라 모두의 특성을 나타냄

3. 설치방법

1) 설치 시 주의사항

① SPD는 건물 및 설비의 인입구 또는 근처에 설치

② 민감한 보호대상 기기의 근처에는 추가로 SPD를 설치

2) SPD 연결도체 길이 및 접지선 단면적

① SPD 연결도체 길이는 50cm 이하일 것(길이가 길어지면 과전압 보호 효율이 감소)

② 1등급 SPD 접지선 단면적은 16㎟ 이상, 2등급은 6㎟ 이상으로 설치할 것

③ 1등급 SPD 경우는 대용량 차단기를 설치할 것

④ 누전차단기 설치 시 임펄스 부동작형 누전차단기를 설치할 것(오동작)

⑤ SPD를 누전차단기 전원 측에 설치 시 충분한 차단능력을 가진 보호장치를 시설할 것

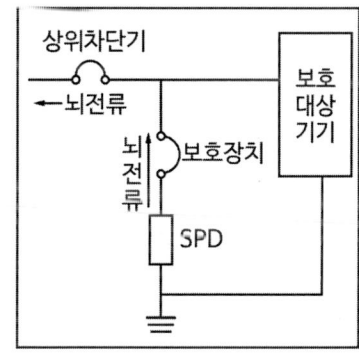

CHAPTER 05 접지설비

1. 접지공사의 목적

1) 인체의 감전방지
2) 전기설비 및 기기의 보호
3) 보호계전기류의 확실한 보호
4) 전자·통신기기의 안정된 동작

2. 시공별 접지공사의 종류

1) 봉상접지
접지동봉을 지표면 아래 매설하는 방법

2) Mesh접지
고층건축물이나 도심지 등에서 대지면적이 제한된 장소에서 토양과 접지와의 접촉면적과 접촉범위를 증대하기 위해서 나동선이나 Bar 등을 이용하여 그물망 형태로 구성

3) 구조체 접지
건축물의 철근, 철골 등을 접지와 일체화하여 건축물 전체의 전위를 안정화하는 방식

4) 보링공법(전해질접지)
지면 아래로 10~30m 정도로 천공을 하고, 전해질 물질을 함유하고 있는 특수 제작된 접지봉을 매설하는 형태

3. 접지공사 방법(KEC 142.2)

1) 접지극의 시설

① 콘크리트에 매입 된 기초 접지극
② 토양에 매설된 기초 접지극
③ 토양에 수직 또는 수평으로 직접 매설된 금속전극(봉, 전선, 테이프, 배관, 판 등)
④ 케이블의 금속외장 및 그 밖에 금속피복
⑤ 지중 금속구조물(배관 등)
⑥ 대지에 매설된 철근콘크리트의 용접된 금속 보강재(다만 강화콘크리트는 제외)

2) 접지극의 매설

① 접지극은 매설하는 토양을 오염시키지 않아야 하며, 가능한 다습한 부분에 설치

② 접지극은 동결 깊이를 감안하여 시설하되 지표면으로부터 지하 0.75m 이상

③ 접지도체를 철주 기타의 금속체를 따라서 시설하는 경우에는 접지극을 철주의 밑면으로부터 0.3m 이상의 깊이에 매설하는 경우 이외에는 접지극을 지중에서 그 금속체로부터 1m 이상 이격시킬 것

3) 접지시스템 부식

① 접지극에 부식을 일으킬 수 있는 폐기물 집하장 및 번화한 장소에 접지극 설치는 피할 것

② 서로 다른 재질의 접지극을 연결할 경우 전식을 고려할 것

③ 콘크리트 기초접지극에 접속하는 접지도체가 용융아연도금강제인 경우 접속부를 토양에 직접 매설하지 말 것

4) 접지극 접속

접지극을 접속하는 경우에는 발열성 용접, 압착접속, 클램프 또는 그 밖의 적절한 기계적 접속장치로 접속할 것

5) 수도관의 접지극 활용

① 대지와의 전기저항값이 3Ω 이하의 값을 유지하고 있는 금속제 수도관로가 접지극으로 사용

② 접지도체와 금속제 수도관로의 접속은 안지름 75㎜ 이상인 부분 또는 여기에서 분기한 안지름 75㎜ 미만인 분기점으로부터 5m 이내일 것

③ 금속제 수도관로와 대지 사이의 전기저항 값이 2Ω 이하인 경우에는 분기점으로부터의 거리는 5m을 넘을 수 있음

4. 공통접지·통합접지

구분	공통접지 (Common Earthing System)	통합접지 (Global Earthing System)
정의	• 특고압, 고압, 저압 접지계통이 등전위가 되도록 공동으로 접지하는 방식 • 피뢰설비와 통신설비 제외	• 특고압, 고압, 저압, 피뢰설비, 통신설비, 수도관, 가스관, 철근, 철골 등을 모두 함께 통합하여 접지하는 방식 • 건물 내 모든 도전부가 등전위 되도록 하여 인체의 감전을 최소화

| 구성 | 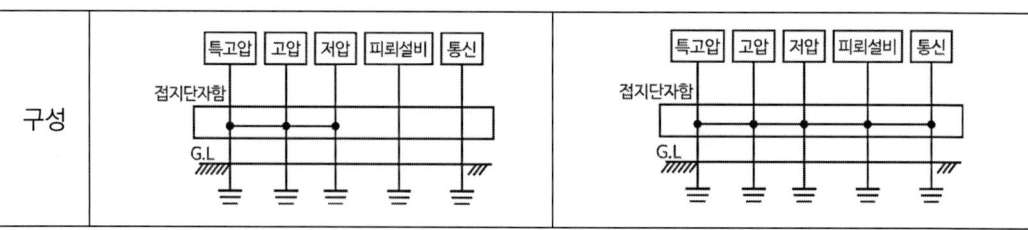 | |

5. 변압기 중성점 접지

1) 일반적으로 변압기의 고압·특고압 측 전로 1선 지락전류로 150을 나눈 값과 같은 저항 값 이하
2) 1초 초과 2초 이내에 고압·특고압 전로를 자동으로 차단하는 장치를 설치할 때는 300을 나눈 값 이하
3) 1초 이내에 고압·특고압 전로를 자동으로 차단하는 장치를 설치할 때는 600을 나눈 값 이하

6. 상용주파 과전압

접지시스템에서 고압 및 특고압 계통의 지락사고 시 저압계통에 가해지는 상용주파 과전압

고압계통에서 지락고장시간 (초)	저압설비 허용 상용주파 과전압 (V)	비 고
>5	U_0 + 250	중성선 도체가 없는 계통에서 U_0는 선간전압을 말한다.
≤5	U_0 + 1,200	

7. 저압 옥내 직류전기설비의 접지

1) 저압 옥내 직류전기설비는 전로 보호장치의 확실한 동작의 확보, 이상전압 및 대지전압의 억제를 위하여 직류 2선식의 임의의 한 점 또는 변환장치의 직류 측 중간점, 태양전지의 중간점 등을 접지할 것
2) 직류 2선식에서 접지를 실시하지 않는 경우
   ① 사용전압이 60 V 이하인 경우
   ② 접지검출기를 설치하고 특정구역내의 산업용 기계기구에만 공급하는 경우
   ③ 교류전로로부터 공급을 받는 정류기에서 인출되는 직류계통
   ④ 최대전류 30mA 이하의 직류화재경보회로
   ⑤ 절연감시장치 또는 절연고장점 검출장치를 설치하여 관리자가 확인할 수 있도록 경보장치를 시설하는 경우

8. 저압전로의 지락

1) 인체보호 : 감전사고 특징, 인체특성, 의료쇼크, 통전전류영향

2) 기기의 보호 : 선로의 각종 기기, 계전기, 차단기 등 보호

3) 저압전로의 지락전류 : 지락 시 전류가 수mA ~ 수 kA 분로

4) 보호접지

① 접지하여 지락 시 전류를 대지로 방류하여 접촉전압을 낮게 유지

② 보호 접지계통도

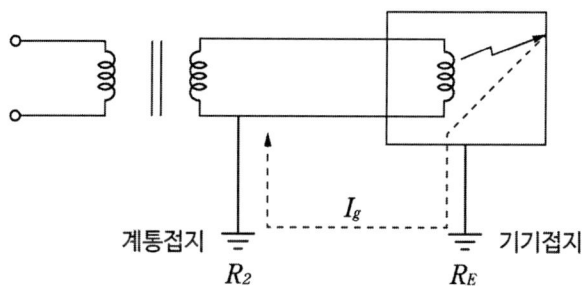

고장전압 $E_F = I_g \cdot R_E$

대지전압 $E = I_g \cdot (R_2 + R_E)$

접지저항 $R_E = \left(\dfrac{E_F}{E - E_F}\right) R_2$

5) 접촉전압 및 접지저항

종류	1종	2종	3종	4종
보호 접지저항 $R_E[\Omega]$	$\dfrac{2.5}{E-2.5}R_2$	$\dfrac{25}{E-25}R_2$	$\dfrac{50}{E-50}R_2$	≤ 100
허용 접촉전압[V]	2.5 이하	25 이하	50 이하	제한 없음

CHAPTER 06 KS C IEC 60364 접지방식

1. 표시방식

1) 제 1문자 : 전력계통과 대지의 관계

T = 한 점을 대지에 직접 접속

I = 모든 충전부를 대지(접지)로부터 절연시키거나 임피던스를 삽입하여 한 점을 대지에 직접 접속

2) 제 2문자 : 설비의 노출도전성 부분과 대지와의 관계

T = 전력계통의 접지와는 무관하며, 노출도전성 부분을 대지로 직접 접속

N = 노출 도전성부분을 전력계통의 접지점(교류계통에서 통상적으로 중성점 또는 중성점이 없을 경우에는 단상)에 직접 접속

S = 보호선의 기능을 중성선 또는 접지 측 전선(또는 교류계통에서 접지 측)과 분리된 전선으로 실시

C = 중성선 및 보호선의 기능을 한 개의 전선으로 겸용(PEN선)

기호 설명	
(그림)	중성선(N)
(그림)	보호선(PE)
(그림)	보호선과 중성선 결합(PEN)

2. TN(Terre neutral) 방식

1) TN-S System

계통 전체를 중성선과 PE(접지선)으로 분리하는 방식

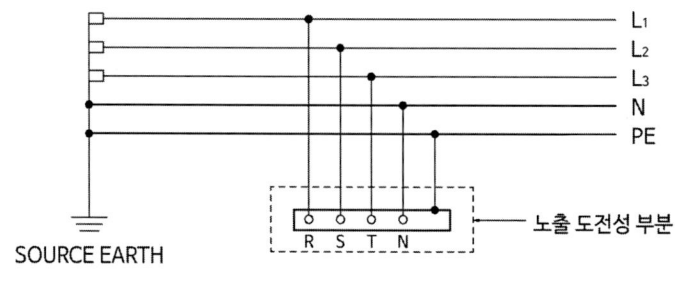

[그림] TN-S 계통도

2) TN-C System

계통 전체에 걸쳐 중성선과 보호도체를 하나의 도선으로 결합시킨 방식

3) TN-C-S System

계통의 일부분에서 중선선과 보호도체가 하나에 결합된 방식

3. TT(Terra Terra) 방식

전력공급 측을 계통접지하여 설비의 노출도전성 부분을 계통접지와 전기적으로 독립접지하는 방식

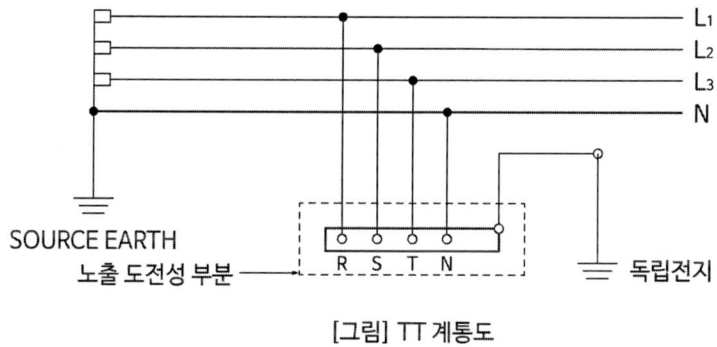

[그림] TT 계통도

4. IT(Insulation Terra) 방식

충전부 전체를 대지로부터 절연하고 한 점에 임피던스를 삽입하여 대지에 접속시키고 노출 도전성 부분을 단독 또는 일괄로 접지하는 방식

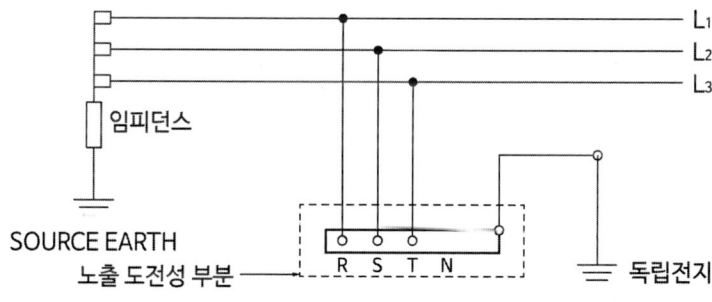

[그림] IT 계통도

CHAPTER 07 접지선, 보호도체

1. 접지도체

1) 접지도체의 최소 단면적

(1) 구리는 6 ㎟ 이상

(2) 철제는 50 ㎟ 이상

2) 접지도체에 피뢰시스템이 접속되는 경우

접지도체의 단면적은 구리 16 ㎟ 또는 철 50 ㎟ 이상으로 하여야 한다.

2. 보호도체

1) 보호도체의 최소 단면적

선도체의 단면적 S (㎟, 구리)	보호도체의 최소 단면적(㎟, 구리)	
	보호도체의 재질	
	선도체와 같은 경우	선도체와 다른 경우
S ≤ 16	S	$(k_1/k_2) \times S$
16 < S ≤ 35	16[a]	$(k_1/k_2) \times 16$
S > 35	S[a]/2	$(k_1/k_2) \times (S/2)$

2) 차단시간이 5초 이하인 경우 계산식

$$S = \frac{\sqrt{I^2 t}}{k}$$

S : 단면적(㎟)

I : 보호장치를 통해 흐를 수 있는 예상 고장전류 실효값(A)

t : 자동차단을 위한 보호장치의 동작시간(s)

k : 보호도체, 절연, 기타 부위의 재질 및 초기온도와 최종온도에 따라 정해지는 계수

3) 보호도체의 굵기

① 기계적 손상에 대해 보호가 되는 경우는 구리 2.5 ㎟, 알루미늄 16 ㎟ 이상

② 기계적 손상에 대해 보호가 되지 않는 경우는 구리 4 ㎟, 알루미늄 16 ㎟ 이상

4) 보호도체의 단면적 보강

전기설비의 정상 운전상태에서 보호도체에 10mA를 초과하는 전류가 흐르는 경우에 보호 도체가 하나인 경우 보호도체의 단면적은 전 구간에 구리 10 ㎟ 이상 또는 알루미늄 16 ㎟ 이상으로 할 것.

5) 보호도체와 계통도체 겸용

① 겸용도체는 고정된 전기설비에서만 사용

② 단면적은 구리 10 ㎟ 또는 알루미늄 16 ㎟ 이상

③ 중성선과 보호도체의 겸용도체는 전기설비의 부하 측으로 시설하여서는 안 된다.

④ 폭발성 분위기 장소는 보호도체를 전용

6) 겸용도체의 성능

① 공칭전압과 같거나 높은 절연성능

② 배선설비의 금속 외함은 겸용도체로 사용하지 말 것.

7) 보호등전위본딩 도체

주접지단자에 접속하기 위한 등전위본딩 도체는 설비 내에 있는 가장 큰 보호접지도체 단면적의 1/2 이상의 단면적을 가져야 하고 다음의 단면적 이상일 것.

① 구리도체 6㎟

② 알루미늄 도체 16㎟

③ 강철 도체 50㎟

CHAPTER 08 핵심 예상 문제

01.

과도적인 과전압을 제한하고 서지(Surge) 전류를 분류하는 목적으로 사용되는 서지 보호장치 (SPD ; Surge Protective Device)를 기능별 3가지, 구조별 2가지로 구분하여 쓰시오.

정답

1) 기능별 구분
   전압 스위칭형 SPD, 전압 제한형 SPD, 복합형 SPD

2) 구조별 구분
   1포트 SPD, 2포트 SPD

02.

피뢰기(LA)에 대하여 다음 각 물음에 답을 쓰시오.

1) 피뢰기의 기능상 필요한 구비조건 4가지
2) 피뢰기의 설치장소 4개소

정답

1) 피뢰기의 기능상 필요한 구비조건
   ① 충격파 방전 개시전압이 낮을 것
   ② 제한전압이 낮을 것
   ③ 상용주파 방전 개시전압이 높을 것
   ④ 속류 차단능력이 클 것

2) 피뢰기의 설치장소
   ① 발전소·변전소 또는 이에 준하는 장소의 가공전선 인입구 및 인출구
   ② 가공전선로에 접속하는 배전용 변압기의 고압 측 및 특고압 측
   ③ 고압 및 특고압 가공전선로로부터 공급을 받는 수용 장소의 인입구
   ④ 가공전선로와 지중전선로가 접속되는 곳

03.

접지 저항을 측정하고자 할 때 다음 각 물음에 각각 답을 쓰시오.

1) 접지저항을 측정하기 위하여 사용되는 측정 방법을 2가지 쓰시오.

2) 그림과 같이 본 접지 E에 제1보조접지 P, 제2보조접지 C를 설치하여 본 접지 E와 접지저항값을 측정하려고 한다. 본 접지 E의 접지 저항은 몇 [Ω]인가? (단, 본접지와 P 사이의 저항 값은 86[Ω], 본접지와 C 사이의 접지 저항값은 90[Ω], P와 C 사이의 접지 저항값은 160[Ω]이다.)

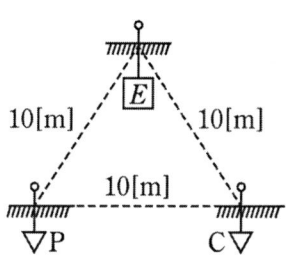

정답

1) 측정 방법의 종류
   ① 콜라우시 브리지에 의한 3극 접지저항 측정법
   ② 어스테스터에 의한 접지저항 측정법

2) E의 접지 저항
$$R_E = \frac{1}{2}(R_{EP} + R_{EC} - R_{PC}) = \frac{1}{2}(86 + 90 - 160) = 8[\Omega]$$

04.

다음 그림은 TN계통의 TN-S 방식의 저압배전선로의 접지계통이다. 미완성된 결선도를 완성하시오. (단, 중성선은 ─/─, 보호선은 ─/─, 보호선과 중성선을 겸한 선 ─/─로 표시한다.)

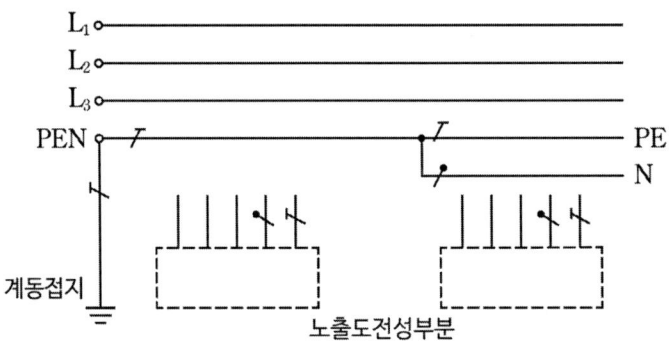

정답

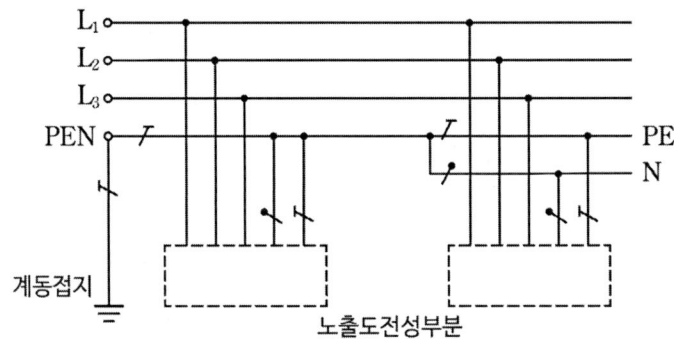

해설
- KEC 203.1 계통접지 구성

[표] 203.1-1 기호 설명

기호	설명
─/─	중성선(N), 중간도체(M)
─/─	보호선(PE)
─/─	중성선과 보호도체 겸용(PEN)

- TN-C-S 계통 : 계통 일부의 중성선과 보호선을 동일 전선으로 사용한다.

05.

다음 그림은 TN-C 방식 저압 접지계통이다. 중성선(N), 보호선(PE) 등의 범례기호를 활용하여 노출 도전성 부분의 접지계통 결선도를 완성하시오.

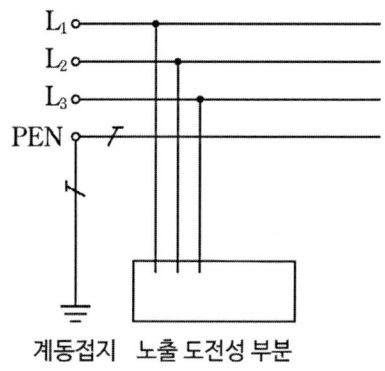

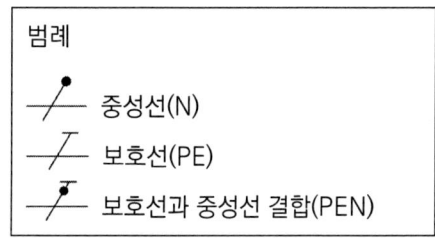

정답

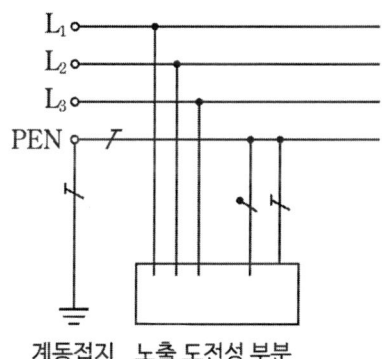

06.

통합접지의 장점과 단점을 3가지씩 쓰시오.

정답

1) 통합접지의 장점
   ① 접지극의 연접으로 합성저항의 저감효과
   ② 접지극의 연접으로 접지극의 신뢰도 향상
   ③ 접지극의 수량 감소

2) 통합접지의 단점
   ① 계통의 이상전압 발생 시 유기전압 상승
   ② 다른 기기 계통으로부터 사고 파급
   ③ 뇌서지에 대한 영향을 받을 수 있음

07.

피뢰설비의 피뢰방식의 4가지를 쓰시오.

정답

1) 돌침방식
2) 수평도체방식
3) 케이지 방식
4) Mech 방식

08.

피뢰침의 중요 구성 요소를 3가지로 나누고, 그 기능에 대하여 쓰시오.

정답

1) 돌침부 : 뇌격을 수뢰하여 피보호물 보호
2) 피뢰도선 : 뇌전류를 대지에 매설된 접지극으로 방류
3) 접지전극 : 뇌전류를 대지로 방전

09.

서지 흡수기(Surge Absorber)의 기능을 쓰시오.

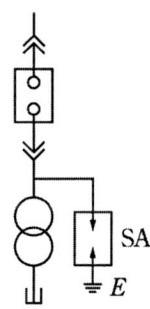

정답

개폐서지 등 이상전압으로부터 변압기 등 기기보호

보충

서지 흡수기는 LA와 같은 구조와 특성을 지니고 있으면 선로에서 발생할 수 있는 개폐서지, 순간 과도전압 등의 이상전압이 2차기기에 영향을 미치는 것을 방지함

10.

전기설비기술기준 및 한국전기설비규정에 의한 피뢰기의 시설장소 4개소를 쓰시오.

정답

1) 발전소, 변전소 또는 이에 준하는 장소의 가공 전선 인입구 및 인출구
2) 가공 전선로에 접속하는 배전용 변압기의 고압 측 및 특고압 측
3) 고압 및 특고압 가공 전선로부터 공급을 받는 수용 장소의 인입구
4) 가공 전선로와 지중 전선로가 접속되는 곳

11.

대지 전압은 접지식 전로와 비접지식 전로는 어느 개소간의 전압인지를 쓰시오.

정답

1) 접지식 선로 : 전선과 대지 사이의 전압
2) 비접지식 선로 : 전선과 그 전로 중의 임의의 다른 전선 사이의 전압

12.

과전류 차단기 200AT 간선 전선 굵기 95[㎟] 일 때 접지선의 굵기가 16[㎟]이다. 전압강하가 원인으로 간선의 굵기를 120[㎟]로 선정하면 이때 접지선의 굵기는 얼마로 선정하는가?

접지선의 최소 굵기[㎟]								
2.5	4	6	16	25	35	50	70	95

정답

1) 계산

   95 : 16=120 : X 이므로 X= $\dfrac{16 \times 120}{95}$ = 20.32가 된다.

2) 답

   접지선의 굵기는 25[㎟] 선정

보충

[접지공사의 접지선의 굵기]
전압강하 등의 사유로 간선규격을 상위 규격으로 선정할 경우에는 이에 비례하여 증가분을 계산 후 접지선의 규격도 상위 규격으로 선정하여야 한다.

13.

중성선 직접 접지 계통에 인접한 통신선의 전자 유도 장해 경감에 관한 대책에 대하여 다음 설명에 답하시오.

1) 근본 대책

2) 전력선측 대책(3가지)

3) 통신선측 대책(3가지)

정답

1) 근본 대책
   전자 유도 전압의 억제

2) 전력선측 대책(3가지)
   ① 송전선로를 될 수 있는 대로 통신 선로로부터 충분히 이격시킨다.
   ② 차폐선을 설치한다.
   ③ 지중전선로 방식을 채용한다.

3) 통신선측 대책(3가지)
   ① 절연 변압기를 설치하여 구간을 분리한다.
   ② 연피케이블을 사용한다.
   ③ 통신선에 우수한 피뢰기를 사용한다.

14.

수전전압 22.9[kV-Y]에 진공차단기와 몰드변압기를 사용하는 경우 개폐 시 이상 전압으로부터 몰드변압기 보호 목적으로 사용되는 것이 무엇인지 쓰시오

정답

서지흡수기(SA)

15.

피뢰기에 흐르는 정격방전전류는 변전소의 차폐유무와 그 지방의 연간 뇌우 발생일수와 관계되나 모든 요소를 고려한 경우 일반적인 시설장소별 적용할 피뢰기의 공칭방전전류가 얼마인지 빈칸을 쓰시오.

공칭방전전류	설치장소	적용조건
①	변전소	• 154[kV] 이상의 계통 • 66[kV] 및 그 이하의 계통에서 Bank 용량이 3000[kVA]를 초과하거나 특히 중요한 곳 • 장거리 송전 케이블 • 배전선로 인출측(배전 간선 인출용 장거리 케이블은 제외)
②	변전소	• 66[kV] 및 그 이하의 계통에서 Bank 용량이 3000[kVA] 이하인 곳
③	선 로	• 배전선로

정답

① 10,000[A]   ② 5,000[A]   ③ 2,500[A]

16.

피뢰기(LA)에 대하여 다음 물음에 답하시오.

1) 피뢰기의 기능상 필요한 구비조건을 4가지를 쓰시오.

2) 피뢰기의 설치 장소 4개소 쓰시오.

정답

1) 피뢰기의 기능상 필요한 구비조건
① 상용 주파 방전 개시 전압이 높을 것
② 충격 방전 개시 전압이 낮을 것
③ 제한 전압이 낮을 것
④ 속류 차단 능력이 클 것

2) 피뢰기의 설치 장소
① 발전소, 변전소 또는 이에 준하는 장소의 가공 전선 인입구 및 인출구
② 가공 전선로에 접속하는 배전용 변압기의 고압 측 및 특고압 측
③ 고압 및 특고압 가공 전선로로부터 공급을 받는 수용 장소의 인입구
④ 가공 전선로와 지중 전선로가 접속되는 곳

17.

건축물 내 전자기기의 노출 도전성부분 및 계통의 도전성 부분(건축구조물의 금속제 부분 및 가스, 물, 난방 등의 금속배관설비) 모두를 주 접지단자에 접속한다. 이것에 의해 하나의 건축물 내 모든 금속제 부분에 주 등전위 접속이 시설된 것이 된다. 다음 그림에서 ① ~ ⑤까지 명칭을 쓰시오.

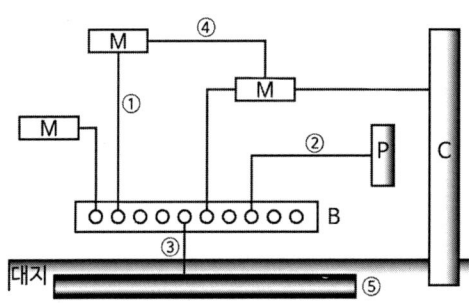

B : 주 접지단자
M : 전기기구의 노출 도전성 부분
C : 철골, 금속닥트의 계통 의 도전성 부분
P : 수도관, 가스관 등 금속배관

정답

① 보호선(PE)
② 주 등전위 접속용 선
③ 접지선
④ 보조 등전위 접속용 선
⑤ 접지극

18.

대지저항률을 낮추기 위한 화학용 저감방법에서 접지저감재의 구비조건 5가지를 쓰시오.

정답

1) 안전할 것
2) 전기적으로 양도체일 것
3) 지속성이 있을 것
4) 전극을 부식시키지 않을 것
5) 작업성이 좋을 것

19.

접지저항을 저감시키는 방법 5가지를 선정하여 쓰시오.

정답

1) 접지극의 길이를 길게 한다.
2) 접지극을 병렬 접속한다.
3) 접지봉의 매설깊이를 깊게 한다.
4) 접지저항 저감재를 사용한다.
5) 심타공법으로 시공한다.

20.

독립접지의 이격거리를 결정하게 되는 요인 3가지를 쓰시오.

정답

1) 발생하는 접지전류의 최대값
2) 전위상승의 허용값
3) 대지 저항률

21.

서지 흡수기(Surge Absorber)의 주요기능에 대하여 설명하시오.

정답

개폐서지 등 이상전압으로부터 변압기 등 기기보호

22.

3상 교류 전동기는 고장이 발생하면 여러 문제가 발생하므로, 전동기를 보호하기 위해 과부하 보호 이외에 여러 가지 보호장치를 하여야 한다. 3상 교류 전동기 보호를 위한 종류를 4가지를 쓰시오.

정답

1) 단락보호
2) 지락보호
3) 불평형 보호
4) 저전압 보호

23.

접지극의 시설기준이다. 다음 각 물음에 답하시오.

1) 접지극은 지하 (①) 이상의 깊이에 매설하되 (②)를 감안하여 매설할 것

2) 접지선을 철주 기타 금속체를 따라서 시설하는 경우에는 접지극을 철주의 밑면으로부터 (③) 이상 깊이에 매설하는 경우 이외에는 접지극을 지주에서 그 금속체로부터 (④) 이상 떼어 매설할 것

3) 접지선의 지하 (⑤)부터 지표상 (⑥)까지의 부분은 합성수지관 등으로 덮을 것
   (단, 두께 2[mm] 미만의 합성수지제 전선관 및 콤바인 덕트관 제외)

정답

1) ① 75[cm]   ② 동결 깊이
2) ③ 30[cm]   ④ 1[m]
3) ⑤ 75[cm]   ⑥ 2[m]

24.

다음 그림을 보고 접지계통 방식을 쓰시오.

1)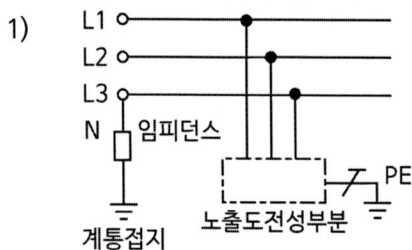

2)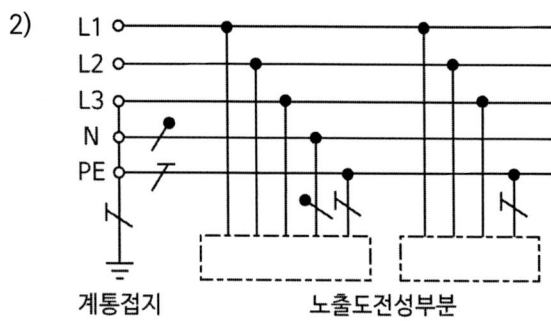

3)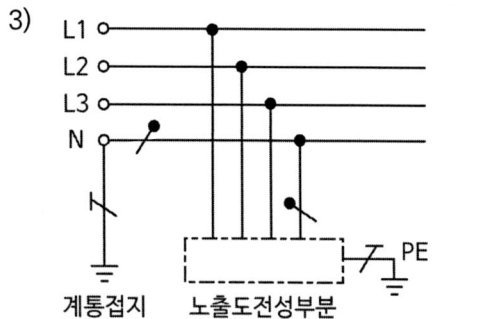

정답

1) IT 계통
2) TN-S 계통
3) TT 계통

25.

피뢰시스템 회전구체 반경과 메시치수 표에서 빈칸을 채우시오.

피뢰시스템	구체 반경	메시 치수
I	20	
II		10×10
III	45	
IV		

정답

피뢰시스템	구체 반경	메시 치수
I	20	**5×5**
II	**30**	10×10
III	45	**15×15**
IV	**60**	**20×20**

26.

접지에 관한 기술적인 내용이다. 다음 물음에 답하시오.

1) 중성점(N)과 보호접지(PE)가 변압기나 발전기 근처에만 서로 연결되어 있고 전 구간에서 분리되어 있는 방식을 무엇이라고 하는가?
2) ( ) 공사를 한 경우에는 과전압으로부터 전기설비들을 보호하기 위하여 서비보호장치를 설치하여야 한다. ( ) 안의 접지 방식을 쓰시오.
3) 서지보호장치의 영문 약호는 무엇인가?

정답

1) TN-S
2) 통합접지
3) SPD

27.

전력계통과 건축물의 피뢰설비 및 통신설비 등의 접지극을 공용하는 접지방식의 명칭은 무엇인가?

> **정답**

통합접지(Global Earthing System)

28.

머레이 루우프(Murray loop)법으로 선로의 고장지점을 찾고자 한다. 길이가 4[km](0.2[Ω/[km]])인 선로가 그림과 같이 접지고장이 생겼을 때 고장점까지의 거리 X는 얼마인지 길이[km]를 구하시오. (단, G는 검류계이고, P=170 [Ω], Q=90[Ω]에서 브리지가 평형조건임.)

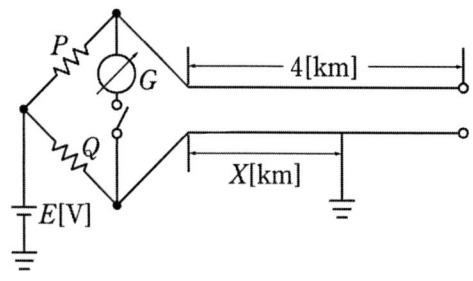

> **정답**

1) 계산

$PX = Q(8-X)$ 이므로 이를 풀면 $PX = 8Q - XQ$

$X = \dfrac{Q}{P+Q} \times 8 = \dfrac{90}{170+90} \times 8 = 2.77 [km]$

2) 답

2.77[km]

29.

공기의 파열극한 전위 경도를 교류, 직류로 구분하여 쓰시오.

정답

1) 교류 21[kV/cm] (실효값)
2) 직류 30[kV/cm]

아우름 전기기능장 필답형 실기

PART 06
배전, 배선설비

CHAPTER 01 전압 및 절연성능

1. 안전 원칙

1) 전기설비는 감전, 화재 그 밖에 사람에게 위해(危害)를 주거나 물건에 손상을 줄 우려가 없도록 시설하여야 한다.
2) 전기설비는 사용목적에 적절하고 안전하게 작동하여야 하며, 그 손상으로 인하여 전기공급에 지장을 주지 않도록 시설하여야 한다.
3) 전기설비는 다른 전기설비, 그 밖의 물건의 기능에 전기적 또는 자기적인 장해를 주지 않도록 시설하여야 한다.

2. 전압의 종별

구 분	교류(V)	직류(V)
저압	1,000 이하	1,500 이하
고압	저압 초과 ~ 7,000 이하	
특고압	7,000 초과	

3. 저압전로의 절연성능

SPD 또는 기타 기기 등은 측정 전에 분리시켜야 하고, 부득이하게 분리가 어려운 경우에는 시험전압을 DC 250V, 절연저항 값은 1MΩ 이상일 것

전로의 사용전압 (V)	DC 시험 전압 (V)	절연저항 (MΩ)
SELV 및 FELV	250	0.5
FELV, 500V 이하	500	1.0
500V 초과	1,000	1.0

- 특별저전압(ELV) : AC 50V 이하, DC 120V 이하
- SELV, PELV : 1, 2차가 전기적으로 절연된 회로
- FELV : 1, 2차가 전기적으로 절연이 안 된 회로

사용전압이 저압인 전로의 절연성능은 기술기준 제52조를 충족하여야 한다. 다만, 저압 전로에서 정전이 어려운 경우 등 절연저항 측정이 곤란한 경우 저항성분의 누설전류가 1mA 이하이면 그 전로의 절연성능은 적합한 것으로 본다.

4. 전로의 절연저항 및 절연내력(KEC 132)

전로의 종류	시험 전압
1. 최대사용전압 7kV 이하인 전로	최대사용전압의 1.5배의 전압
2. 최대사용전압 7kV 초과 25kV 이하인 중성점 접지식 전로(중성선을 가지는 것으로서 그 중성선을 다중접지 하는 것에 한한다)	최대사용전압의 0.92배의 전압
3. 최대사용전압 7kV 초과 60kV 이하인 전로(2란의 것을 제외한다)	최대사용전압의 1.25배의 전압(10.5kV 미만으로 되는 경우는 10.5kV)
4. 최대사용전압 60kV 초과 중성점 비접지식전로(전위변성기를 사용하여 접지하는 것을 포함한다)	최대사용전압의 1.25배의 전압
5. 최대사용전압 60kV 초과 중성점 접지식 전로(전위변성기를 사용하여 접지하는 것 및 6란과 7란의 것을 제외한다)	최대사용전압의 1.1배의 전압 (75kV 미만으로 되는 경우에는 75kV)
6. 최대사용전압이 60kV 초과 중성점 직접접지식 전로 (7란의 것을 제외한다)	최대사용전압의 0.72배의 전압
7. 최대사용전압이 170kV 초과 중성점 직접 접지식 전로로서 그 중성점이 직접 접지되어 있는 발전소 또는 변전소 혹은 이에 준하는 장소에 시설하는 것.	최대사용전압의 0.64배의 전압
8. 최대사용전압이 60kV를 초과하는 정류기에 접속되고 있는 전로	교류측 및 직류 고전압 측에 접속되고 있는 전로는 교류측의 최대사용전압의 1.1배의 직류전압
	직류측 중성선 또는 귀선이 되는 전로(이하 이 장에서 "직류 저압측 전로"라 한다)는 아래에 규정하는 계산식에 의하여 구한 값

※ 직류 저압 측 전로의 절연내력시험 전압의 계산방법

$$E = V \times \frac{1}{\sqrt{2}} \times 0.5 \times 1.2$$

E : 교류 시험 전압
V : 역변환기의 전류 실패 시 중성선 또는 귀선이 되는 전로에 나타나는 교류성 이상전압의 파고값
　전선에 케이블을 사용하는 경우 시험전압은 E의 2배의 직류전압으로 실시할 것

CHAPTER 02 배전방식

1. 저압옥내배전방식별 특징 비교

전기 방식	단상 2선식	단상 3선식	3상 3선식	3상 4선식
결선도				
공급전력 (역률 1.0 동일) 전선 총량 (동일)	$P = EI_1$ $V = 2S_1L$	$P = 2EI_2$ $V = 3S_2L$	$P = \sqrt{3}\,EI_3$ $V = 3S_3L$	$P = 3EI_4$ $V = 4S_4L$
선전류	I_1 (100 %)	$I_2 = \dfrac{I_1}{2}$ (50 %)	$I_3 = \dfrac{I_1}{\sqrt{3}}$ (57.7 %)	$I_4 = \dfrac{I_1}{3}$ (33.3 %)
전선의 단면적	S_1 (100 %)	$S_2 = \dfrac{2}{3}S_1$ (66.7 %)	$S_3 = \dfrac{2}{3}S_1$ (66.7 %)	$S_4 = \dfrac{1}{2}S_1$ (50 %)
전압강하 (ρ : 저항률)	$e_1 = 2I_1R_1$ $= 2\dfrac{I_1 pL}{S_1}$ (100 %)	$e_2 = 2I_2R_2$ $= \dfrac{3}{4}\dfrac{I_1 pL}{S_1}$ (37.5 %)	$e_3 = \sqrt{3}\,I_3R_3$ $= \dfrac{3}{2}\dfrac{I_1 pL}{S_1}$ (75 %)	$e_4 = I_4R_4$ $= \dfrac{2}{3}\dfrac{I_1 pL}{S_1}$ (33.3 %)
배전 손실	$Q_1 = 2I_1^2 R_1$ $= 2I_1^2 \dfrac{\rho L}{S_1}$ (100 %)	$Q_2 = 2I_2^2 R_2$ $= \dfrac{4}{3}I_1^2 \dfrac{\rho L}{S_1}$ (37.5 %)	$Q_3 = 2I_3^2 R_3$ $= \dfrac{2}{3}I_1^2 \dfrac{\rho L}{S_1}$ (75 %)	$Q_4 = 2I_4^2 R_4$ $= \dfrac{2}{3}I_1^2 \dfrac{\rho L}{S_1}$ (33.3 %)

2. 전기 방식에 따른 설비불평형률

1) 1∅ 3W(단상 3선식) - 불평형률은 40% 이하

$$설비불평형률 = \frac{중성선과\,각\,전압측\,전선간에\,접속되는\,부하설비용량[kVA]의\,차}{총\,부하설비\,용량[kVA]의\,1/2} \times 100[\%]$$

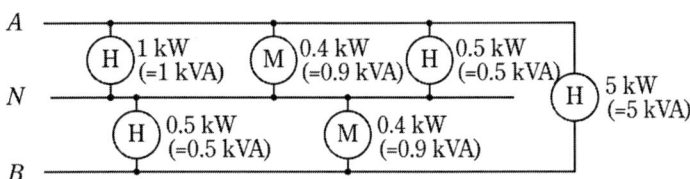

2) 3∅ 3W(3상 3선식), 3∅ 4W(3상 4선식) - 불평형률은 30% 이하

$$설비불평형률 = \frac{각\,선간에\,접속되는\,단상부하\,총\,부하설비용량[kVA]의\,최대와\,최소의\,차}{총\,부하설비\,용량[kVA]의\,1/3} \times 100[\%]$$

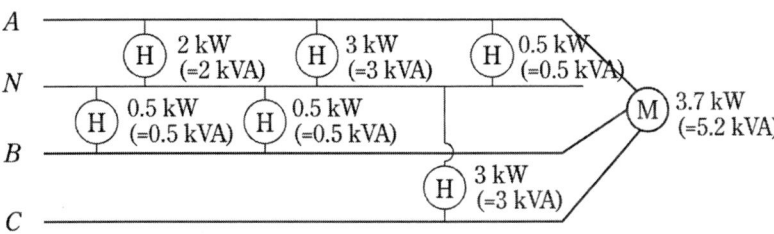

3. 차폐층 접지 방법

1) 편단접지(Single Point Bonding)

① 케이블 차폐층 한쪽 단을 접지

② 시스 순환전류가 없어 전력손실 없음

③ 선로 길어지면 전위 높아질 우려 있음, 단거리 선로에 적용

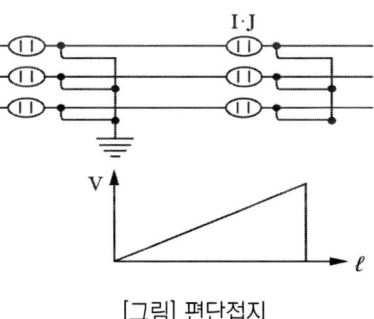

[그림] 편단접지

2) 양단 접지

① 케이블 차폐층 양단에서 접지하는 방식

② 시스 단말 전위는 거의 '0'

③ 시스 상호간 또는 대지 간 순환전류 흐름, 손실 발생

④ 케이블 용량 충분한 경우, 시스손실 문제 안 될 경우 적용

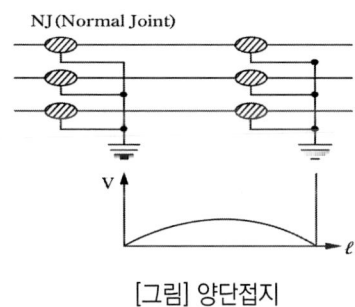

[그림] 양단접지

3) 크로스본딩 접지(Cross Bonding)

① 케이블 길이를 3등분하여 3상 차폐선을 절연접속함을 통해 차폐층을 연가
② 차폐전압의 벡터합이 이론상 '0'
③ 접지구간의 적절 조정으로 차폐손실 저감

[그림] 크로스 본딩

4. 유도전압 저감대책

1) 선로정수 평형 유지
2) 3심 케이블 사용
3) Twist Cable 사용
4) 전력선의 완전한 연가
5) 적절한 케이블 배치
6) 적절한 차폐층 접지

CHAPTER 03 배선설비

1. 전선의 식별

상(문자)	색상
L1	갈색
L2	흑색
L3	회색
N(중성선)	청색
PE(보호도체)	녹색-노란색

2. 두 개 이상의 전선을 병렬로 사용하는 경우 시설 기준

1) 동선 50㎟ 이상 또는 알루미늄 70㎟ 이상
2) 같은 도체, 같은 재료, 같은 길이 및 같은 굵기의 것을 사용할 것
3) 같은 극의 각 전선은 동일한 터미널러그에 완전히 접속할 것
4) 같은 극인 각 전선의 터미널러그는 동일한 도체에 2개 이상의 리벳 또는 2개 이상의 나사로 접속할 것
5) 병렬로 사용하는 전선에는 각각에 퓨즈를 설치하지 말 것
6) 교류회로에서 병렬로 사용하는 전선은 금속관 안에 전자적 불평형이 생기지 않도록 시설할 것

3. 간선방식

1) 선정 시 고려사항

① 케이블의 허용전류, 허용전압강하, 기계적강도, 고주파 등
② 부하증설 및 변경대비, EPS의 구성
③ 건축물의 목적, 수전용량, 동력용·전등용·비상용 분전반의 분리 여부
④ 주변전실, 부변전실 여부, 2단 강압방식의 고려

2) 배선(간선)방식에 의한 분류

① 나뭇가지형 ② 평행식 ③ 나뭇가지 평행식 ④ 루프식

4. 고조파의 정량적 계산

1) 종합 고조파 왜형률(THD)

THD는 고조파 전압(전류) 실효치와 기본파 전압(전류)실효치의 비

$$V_{THD} = \frac{\sqrt{V_2^2 + V_3^2 + \cdots + V_n^2}}{V_1} \times 100(\%)$$

$$I_{THD} = \frac{\sqrt{I_2^2 + I_3^2 + \cdots + I_n^2}}{I_1} \times 100(\%)$$

여기서 $V_2, V_3, V_n, I_2, I_3, I_n$: 각 차수별 고조파 V_1 : 기본파

2) 종합고조파 함유율(TDD)

TDD는 기본파의 최댓값(15분 or 30분)과 고조파 실횻값의 비

$$TDD = \frac{\sqrt{I_2^2 + I_3^2 + \cdots + I_n^2}}{I_{1\,peak(15\ or\ 30min)}}$$

3) 고조파의 대책

① 리액터(ACL, DCL) 설치

② 역률개선 콘덴서 설치

③ 정류기의 다펄스화

④ PWM 컨버터 방식 채용

⑤ 수동 필터(Passive Filter), 능동 필터(Active Filter) 설치

⑥ 계통을 분리

⑦ 기기의 내량을 강화

⑧ NCE(Neutral Current Eliminator : 중성선 영상분고조파 제거장치) 설치

5. 4심 및 5심 케이블에서 고조파 전류에 대한 보정계수(내선규정 부속서 D)

상전류의 제3고조파 성분 [%]	보정계수	
	상전류를 고려한 규격 결정	중성전류를 고려한 규격 결정
0 ~ 15	1.0	-
15 ~ 33	0.86	-
33 ~ 45	-	0.86
〉45	-	1.0

보정계수 적용방법

① 제3고조파 함유량이 20%이면 보정계수 0.86을 적용하며, 설계부하는 37/0.86=43A로 되어 10㎟ 케이블이 필요하다.
② 제3고조파 함유량이 40%이면 케이블 용량의 선정은 37×0.4×3=44.4A의 중성선 전류를 기초로 한다. 보정계수로 0.86을 적용하면 설계부하전류는 44.4/0.86=51.6A로 되어 10㎟ 케이블을 적용해야한다.
③ 제3고조파 함유량이 50%이면 케이블 용량은 37×0.5×3=55.5A의 중성선 전류를 기초로 하여 선정한다. 이 경우 보정계수는 1.0이며, 16㎟ 케이블이 필요하다. 이 경우에 특수보호장치에서는 상도체에 대하여 6㎟ 케이블을, 중성선에 대하여 10㎟ 케이블을 사용하는 것을 허용한다.

6. 고장전류 계산

최대치는 3상 단락전류, 최소치는 선로말단의 2상 단락전류(3상의 86.6%)

1) 3상 단락전류

$$I_s = \frac{P \times 100}{\sqrt{3} \cdot \%Z \cdot V} \text{ 또는 } I_s = \frac{100}{\%Z} \times I_n \left(I_n = \frac{P}{\sqrt{3} \cdot V}\right)$$

$$3상 \text{ 차단기 용량 } P_s = \sqrt{3} \, VI_s \, [MVA]$$

V: 정격전압[kV]
I_s: 단락전류[kA]

2) 단락전류 대책

① 계통을 분리   ② 한류퓨즈 설치
③ 변압기 %임피던스를 크게 변경   ④ 변압기 Bank 분할(용량을 적게)
⑤ 한류리액터 설치   ⑥ 캐스캐이드(Cascade) 보호방식 채용
⑦ 계통연계기 설치   ⑧ 초전도 한류기 설치

3) 임피던스(%임피던스) 크기의 영향

%Z가 클 때	%Z가 작을 때
• 단락전류가 작아진다.	• 단락비가 커져서 전기자 반작용이 감소한다
• 차단기 동작책무 및 용량이 감소한다.	• 계통의 안정도가 높아진다.
• 전압변동률이 커지고, 동손이 증가한다.	• 철손, 기계손이 증가하고, 가격이 비싸진다.
• 중량이 감소하고, 가격이 저렴하다.	• 부하손이 감소하고, 중량이 증대한다.

7. 배선의 전압강하(KEC 232.3.9)

설비의 유형	조명 (%)	기타 (%)
A - 저압으로 수전하는 경우	3	5
B - 고압 이상으로 수전하는 경우	6	8

① 가능한 한 최종회로 내의 전압강하가 A 유형의 값을 넘지 않도록 하는 것이 바람직하다.
② 배선설비가 100 m를 넘는 부분의 전압강하는 미터 당 0.005% 증가할 수 있으나 이러한 증가분은 0.5%를 넘지 않아야 한다.

8. 도체와 과부하 보호장치 사이의 협조

$$I_B \leq I_n \leq I_Z, \qquad I_2 \leq 1.45 \times I_Z$$

I_B : 회로의 설계전류, I_Z : 케이블의 허용전류, I_n : 보호장치의 정격전류

I_2 : 보호장치가 규약시간 이내에 유효하게 동작하는 것을 보장하는 전류

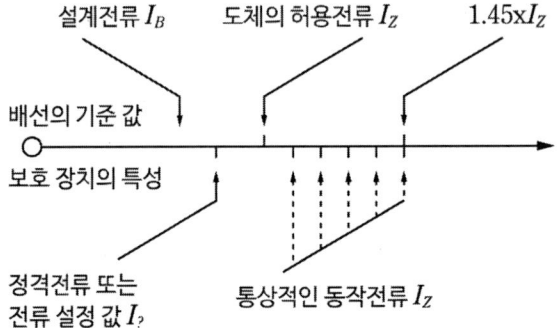

9. 전압변동의 계산

1) 전압강하율 및 전압변동률

$$전압강하율(e) = \frac{전압강하}{수전단전압} \times 100\% = \frac{송전단-수전단전압}{수전단전압} = \frac{V_S - V_R}{V_R} \times 100\%$$

$$전압변동률(\varepsilon) = \frac{무부하전압-2차정격전압}{2차정격전압} \times 100\% = \frac{V_{20} - V_{2n}}{V_{2n}} \times 100\%$$

2) 전압강하 계산

① 직류회로의 전압강하 계산

$$전압강하 \ \Delta e = 2 \times L \times I \times R \ [V]$$

L : 선로길이, I : 선로전류
R : 선로저항

② 간이 전압강하 계산(교류)

$$e[V] = I \times R = I \times \rho \frac{L}{A}$$

③ 전기방식별 전압강하 계산식

전기방식	단상2선식, 직류2선식	3상 3선식	단상3선, 3상4선
계산식	$e = \dfrac{35.6 LI}{1,000 A}$	$e = \dfrac{30.8 LI}{1,000 A}$	$e = \dfrac{17.8 LI}{1,000 A}$

10. 분기회로에 설치되는 옥내 간선의 굵기(내선규정 3315-5)

분기회로	전선의 굵기[㎟]
15A 분기회로	2.5
20A 분기회로 (배선용 차단기)	2.5
20A 분기회로(퓨즈)	4
30A 분기회로	6
40A 분기회로	10
50A 분기회로	16

11. 전력량계 결선 법(내선규정 400 -5)

1) 단독 계기

① 단상 2선식

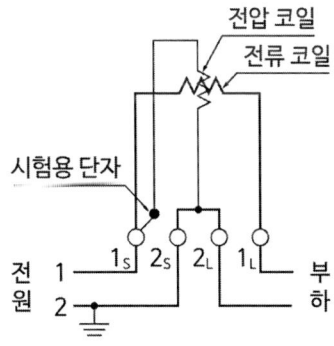

② 3상 4선식

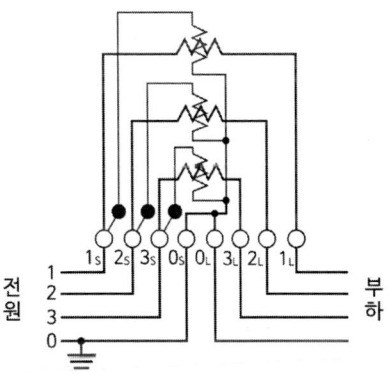

2) 변성기 사용 계기(변류기만 시설하는 경우)

① 단상 2선식

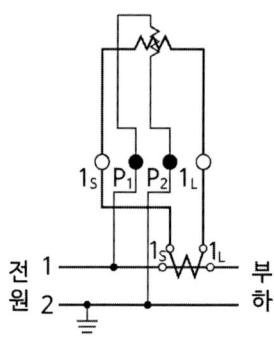

② 3상 4선식

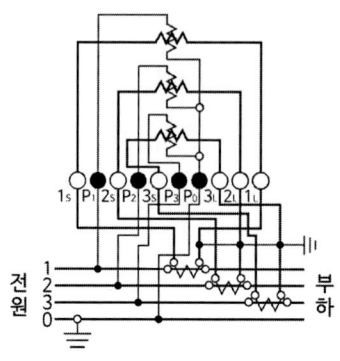

3) 변성기 사용 계기(계기용 변압기 및 변류기만 시설하는 경우)

① 3상 3선식, 단상 3선식

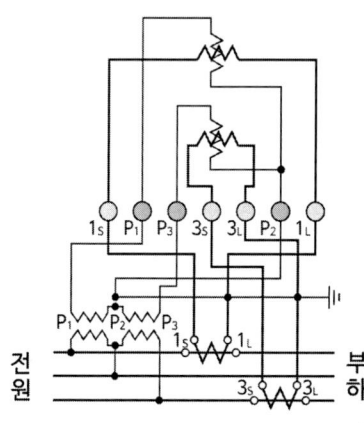

② 3상 4선식

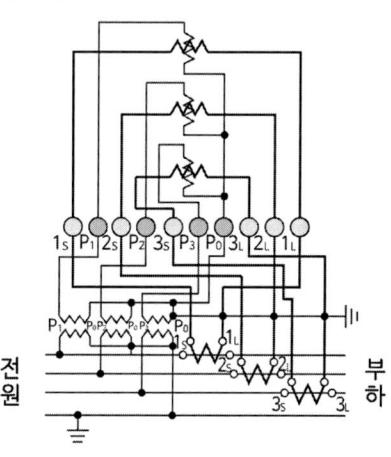

○ : 시험용 단자를 표시
◎ : 접지하지 않은 측의 전선에 접속하는 단자, 즉 전류 코일이 접속하는 단자를 표시
    (실제로는 황색으로 표시)
● : 변성기사용계기에서 전압 코일에 접속되는 단자를 표시(실제로는 적색으로 표시)

CHAPTER 04 전기안전

1. 감전에 대한 보호(KEC 113.2)

1) 기본보호

① 기본보호는 일반적으로 직접접촉을 방지하는 것
② 인축의 몸을 통해 전류가 흐르는 것을 방지
③ 인축의 몸에 흐르는 전류를 위험하지 않는 값 이하로 제한

2) 고장보호

① 인축의 몸을 통해 고장전류가 흐르는 것을 방지
② 인축의 몸에 흐르는 고장전류를 위험하지 않는 값 이하로 제한
③ 인축의 몸에 흐르는 고장전류의 지속시간을 위험하지 않은 시간까지로 제한

2. KS C IEC 60364 감전보호 체계도

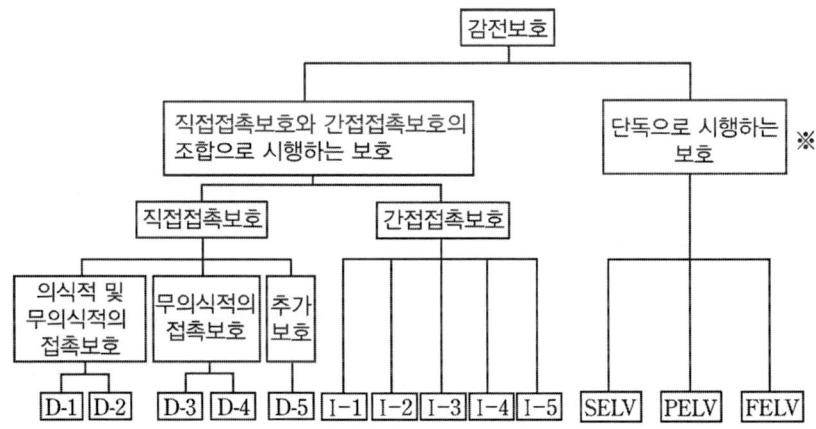

D-1 : 충전부의 절연
D-2 : 격벽, 외함
D-3 : 장애물
D-4 : 손의 접근한계 외측 시설에 의한 보호
D-5 : 누전차단기에 의한 보호

I-1 : 전원의 자동차단에 의한 보호
I-2 : II급기기 사용에 의한 보호
I-3 : 비도전성 장소에 의한 보호
I-4 : 비접지 국부적접속에 의한 보호
I-5 : 전기적 분리에 의한 보호

※ 특별저압 전원 회로에 의한 보호

3. 허용접촉전압

1) 접촉전압의 정의
접촉전압의 정의는 구조물과 대지면의 거리가 1m에서의 접촉 시 전위차를 의미

2) 접촉전압 계산

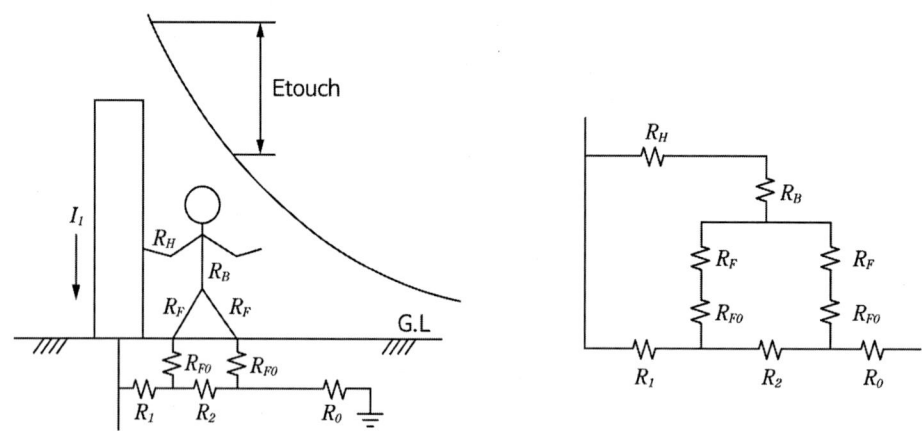

- 등가회로에서 R_1, R_2, R_0, R_{F0} 는 매우 작으므로 무시하면,

$$R_T = R_H + R_B + \frac{R_F}{2}$$

$$E_{touch} = I_g \cdot R_T = \frac{0.157}{\sqrt{t}} \cdot (R_H + R_B + \frac{R_F}{2})$$

3) 허용접촉전압의 접촉상태

종별	허용접촉 전압	접촉상태
제1종	2.5 V 이하	인체 대부분의 수중에 있는 상태
제2종	25 V 이하	인체가 젖어 있음, 금속물에 인체 일부 상시 접촉 상태
제3종	50 V 이하	제1, 2종 이외에 접촉전압 인가 시 위험성 높은 상태
제4종	제한 없음	접촉전압 인가 우려 없는 상태

제1종 : 이탈한계전류 최저치는($5mA$), 인체저항 최저치는(500Ω 경우) → 0.005A × 500Ω=2.5V
제2종 : Koeppen의 인체통과전류 하한값($50mA$), 인체저항 최저치는(500Ω 경우) → 0.05A × 500Ω=25V

4) 접촉전압 저감방법

① 금속기구 주위 약 1m 위치에 깊이 20~30cm의 보조접지선 매설 후 주 접지선과 접속

② 접지기기, 철구 등의 주변에 자갈, 아스팔트 등 고저항 표면재를 포설

③ 필요시 접지망의 간격을 축소한다. 접지선 굵기를 증대

4. 허용보폭전압

1) 보폭전압의 정의

지표면 위의 1m 떨어진 2 지점간의 전위차이다.

2) 보폭전압의 계산

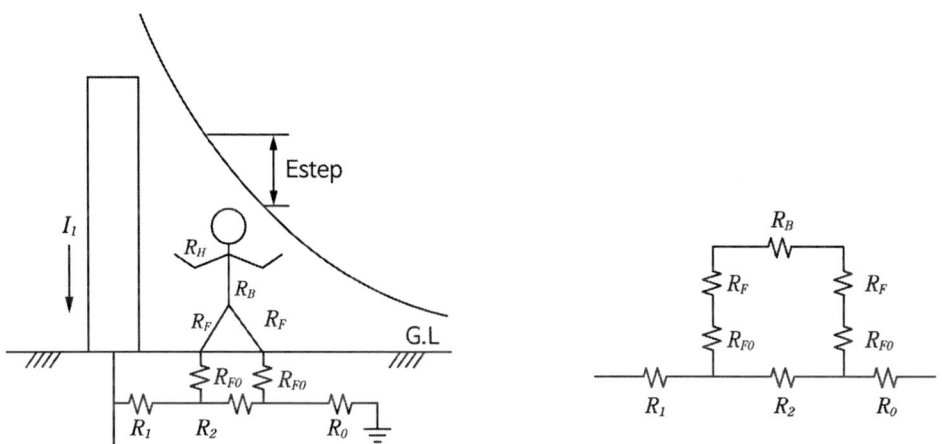

등가회로에서 R_1, R_2, R_0, R_{F0} 는 매우 작으므로 무시하면,

$$R_T = R_B + 2R_F$$

$$E_{step} = I_g \cdot R_T = \frac{0.157}{\sqrt{t}} \cdot (R_B + 2R_F)$$

3) 보폭전압의 저감대책

① 전위경도를 작게 함(Mesh접지의 밀도를 높게, 넓게 포설한다. 고장전류의 제한)

② 접촉저항을 증대(접촉우려 금속부분의 표면절연, 작업면에 절연체 포설, 변전소 대시년에 자갈이나 아스팔트 포설)

5. 전기화재

1) 원인
① 전기설비의 설치 불량
② 유지관리의 부실
③ 무단 증설 및 개조
④ 전기설비의 취급 부주의
⑤ 자연현상(낙뢰, 태풍 등)

2) 출화형태
① 과전류에 의한 발화
② 단락에 의한 발화
③ 누전 또는 지락에 의한 발화
④ 접속부의 과열에 의한 발화
⑤ 열적 경화에 의한 발화
⑥ 전기 스파크에 의한 발화
⑦ 절연열화 또는 탄화에 의한 발화
⑧ 정전기 스파크에 의한 발화
⑨ 낙뢰에 의한 발화

3) 전기화재 대책
① 누전을 방지하기위해 누전차단기(ELB)를 설치
② 과전류를 방지하기 위해 적정한 차단기를 설치(ELB, MCCB)
③ 회로의 정격전류 이상의 전선 굵기를 선정
④ 배선 시 전선의 피복 벗겨짐에 주의
⑤ 콘센트에서의 문어발 배선을 금지
⑥ 적절한 유지관리(절연저항 측정 등)

6. 케이블 열화의 원인 및 종류

1) 전기적 열화

2) 열적 열화

3) 화학적 열화

4) 기계적 열화

5) 생물적 열화

6) 환경적 요인

7. 열화진단 방법

1) 정전 진단

① 절연 저항 측정

② 직류 고전압 시험

③ 유전 정접 시험(교류 고전압 시험)

④ 부분 방전 시험(코로나 시험)

2) 활선 진단

① 수 Tree 진단법(직류 성분법)

② 활선 $\tan\delta$ 법

③ 직류전압 중첩법

④ 저주파 중첩법

3) 열화 방지 대책

① 차수대책 : 차수층 Cable 적용

② 고품질화 : 제조과정 Void, 이물질 제거

③ 시공, 유지관리 시 외상 방지

④ 절연 감시 System 도입, 비파괴 검사

8. 절연재료의 분류(KS C IEC 60085)

구 분	허용 최고온도(℃)	특징
Y종 절연	90	목, 면, 비단, 종이 등의 재료로 구성되어 Varnish류를 함침하지 않은 또는 유중에 담그지도 않은 절연
A종 절연	105	목, 면, 비단, 종이 등의 재료로 구성되어 Varnish류로 함침시켰거나, 유중에 담근 절연
E종 절연	120	폴리에스테르계의 재료로 구성되어 와니스류를 채운 절연
B종 절연	130	마이카, 석면, 유리섬유 등의 재료를 접착재료와 같이 사용한 절연
F종 절연	155	마이카, 석면, 유리섬유 등의 재료를 실리콘알키드수지 등의 비접착 재료와 같이 사용된 절연
H종 절연	180	마이카, 석면, 유리섬유 등의 재료를 실리콘 수지 또는 동등의 특성 이상의 접착재료
-	200, 220, 250	생마이카, 석면, 자기 등을 단독으로 사용한 것이든가 접착재료와 함께 사용된 절연

CHAPTER 05 핵심 예상 문제

01.

계통에서 고조파 성분이 포함되어 있는 경우 고조파 전류가 발생하는 원인과 그 대책을 3가지씩 쓰시오.

정답

1) 고조파 전류의 발생원인
   ① 변압기, 전동기, 등의 여자전류
   ② 컨버터, 인버터, 초퍼 등의 전력 변환 장치
   ③ 전기로, 아크로 등
2) 대책
   ① 정류장치의 Pulse 수를 증가시킨다.
   ② 고조파 필터(수동, 능동)를 설치한다.
   ③ 리액터를 설치한다.

02.

설비 불평형률에 대하여 다음 물음에 각각 답하시오.

1) 저압, 고압 및 특고압 수전의 3상 3선식 또는 3상 4선식에서 설비 불평형률을 몇[%] 이하로 하는 것을 원칙으로 하는가?

2) 그림과 같이 부하설비가 연결된다면 설비불평형률은 몇 [%]인가?
   (표기에서 ⓗ는 전열기 부하이고, ⓜ은 전동기 부하.)

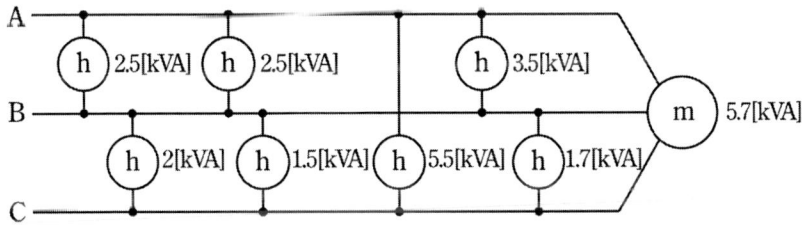

3) "1)" 항 문제의 제한 원칙에 따르지 않아도 되는 경우를 4가지만 쓰시오.

> 정답

1) 30% 이하

2) 설비불평형률

$$설비불평형률 = \frac{(2.5+2.5+3.5)-(2+1.5+1.7)}{\frac{1}{3} \times (2.5+2.5+3.5+2+1.5+5.5+1.7+5.7)} \times 100 = 39.76(\%)$$

3) 예외 규정
   ① 저압 수전에서 전용변압기 등으로 수전하는 경우
   ② 고압 및 특고압 수전에서 100(kVA) 이하의 단상 부하의 경우
   ③ 특고압 및 고압수전에서 단상부하 용량의 최대와 최소의 차가 100(kVA) 이하인 경우
   ④ 특고압 수전에서는 100(kVA) 이하의 단상 변압기 2대로 역 V결선하는 경우

03.

다음 그림과 같은 교류 단상 3선식 배선 회로도를 보고 다음 물음에 답하시오.

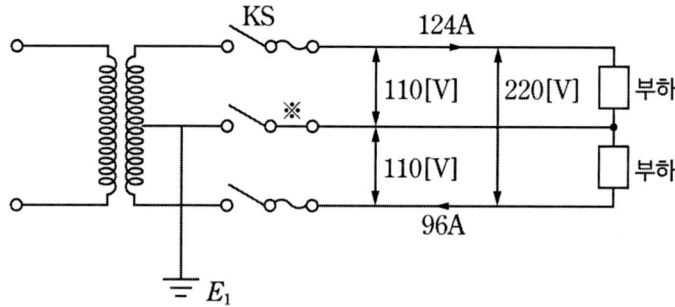

1) 도면의 잘못된 부분을 정상으로 수정하고 잘못된 부분에 대한 이유를 설명하시오.

2) 부하 불평형률은 몇 [%]인가요?

3) 도면에서 ※ 부분에 퓨즈를 넣지 않고 철선을 연결하였다면, 옳은 방법인지의 여부를 구분하고 그 이유를 설명하시오.

> 정답

1) ① 개폐기는 3극을 동시에 개폐하여야 한다.
   이유 : 동시에 개폐되지 않을 경우 결상 및 전압불평형이 나타날 수 있다.
   ② 변압기의 2차 측 중성선에는 접지공사를 하여야 한다.
   이유 : 1, 2차 혼촉 시 2차 측에 전위상승 억제

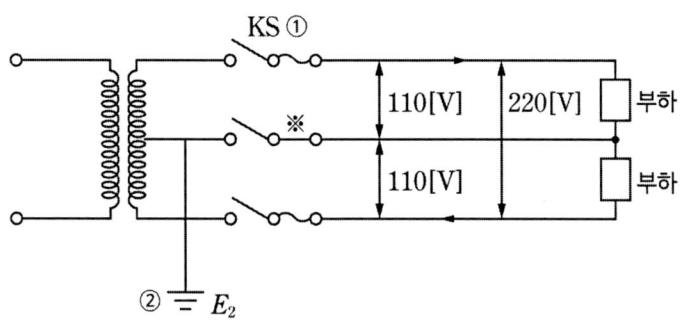

2) ① 설비불평형률 = $\dfrac{124-96}{\dfrac{1}{2}(124+96)} \times 100 = 25.45[\%]$

답 : 25.45[%]

3) 옳다.
이유 : 퓨즈가 용단되는 경우 경부하측의 전위가 상승되어 전압불평형이 발생

04.

2022년부터 적용되는 2중 천장 내에서 배선은 원칙적으로 어떠한 공사방법으로 합니까?

정답

금속몰드공사

05.

감전사고는 작업자 또는 일반인의 과실 등과 기계기구류내의 전로의 질언불량 등에 의하여 발생되는 경우가 빈번한 장소에서, 저압에 사용되는 기계기구류내의 전로의 절연불량 등으로 발생되는 감전사고를 방지하기 위한 대책을 4가지 쓰시오.

정답

1) 충분히 낮은 접지 저항을 얻을 수 있도록 접지 시설을 실시
2) 감전보호용 누전 차단기 설치(30mA, 0.03초)
3) 금속성 외함을 가진 기계 기구의 외함 접지
4) 2중 절연 구조의 전기기기 사용

06.

다음 그림과 같이 3상 4선식 선로에 역률 100[%]인 부하 a-n, b-n, c-n이 각 상과 중성선간에 접속되어있다. 이때 a, b, c상에 흐르는 전류가 220[A], 172[A], 190[A] 이라면 중성선에 흐르는 전류는 얼마인지 계산하시오.

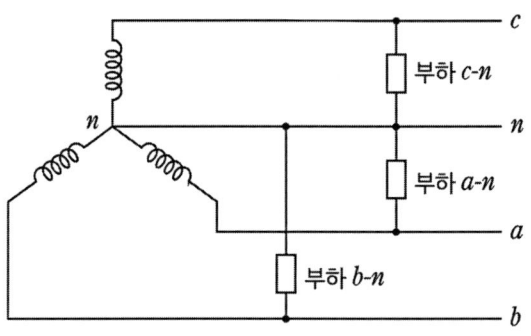

정답

1) 계산과정

$$I_n = \dot{I}_a + \dot{I}_b + \dot{I}_c = 220 + 172(-\frac{1}{2} - j\frac{\sqrt{3}}{2}) + 190(-\frac{1}{2} + j\frac{\sqrt{3}}{2})$$

$$= 220 - 86 - j148.95 - 95 + j164.54 = 39 + j15.58 = \sqrt{39^2 + 15.58^2} = 42[A]$$

2) 정답 : 42[A]

07.

금속 덕트에 넣을 수 있는 저압 전선의 단면적(전선의 피복 절연물을 포함)은 금속 덕트 내부 단면적의 몇[%] 이하가 되도록 해야 하는가?

정답

20[%] 이하

08.

전기안전관리자가 공사감리 업무 수행할 수 있는 공사의 종류를 쓰시오.

> **정답**

1) 비상용 예비발전설비의 설치, 변경공사로서 총공사비가 1억 원 미만인 공사
2) 전기수용설비의 증설 또는 변경공사로서 총공사비가 5천만 원 미만인 공사

전기안전관리자의 직무 제13조 (공사감리)

1) 전기안전관리자는 시행규칙 제44조에 따라 다음 각 호의 전기설비 공사의 경우에는 감리업무를 수행할 수 있다.
   ① 비상용예비발전설비의 설치, 변경공사로서 총공사비가 1억 원 미만인 공사
   ② 전기수용설비의 증설 또는 변경공사로서 총공사비가 5천만 원 미만인 공사
2) 전기안전관리자는 전기설비 공사가 설계도서 및 전기설비기술기준 등에 적합하게 시공되는지 여부를 확인하여야 한다.
3) 전기안전관리자는 전기설비 공사 중 불합리한 부분, 착오 및 불명확한 부분 등에 대해서는 그 내용과 의견을 관련자 및 소유자에게 제시하여야 한다.
4) 전기설비 공사가 설계도서와 상이하게 진행되거나 공사의 품질에 중대한 하자가 예상되는 경우에는 소유자와 사전협의하여 공사 중지를 명할 수 있다.

09.

가공 배전선로에 쓰이는 애자의 종류 4가지에 대하여 쓰시오.

> **정답**

1) 핀애자 : 직선 선로에 사용
2) 현수애자 : 인류 및 내장 개소에 사용
3) 라인포스트 애자 : 연가용 철탑 등에서 점퍼선 지지
4) 인류 애자 : 인류 개소 및 배전선로의 중성선

10.

가공전선을 애자에 바인드 하는 방법 3가지를 쓰시오.

정답

1) 인류 바인드법
2) 측부 바인드법
3) 두부 바인드법

11.

가공전선을 애자에 바인드 하는 방법 3가지를 쓰시오.

정답

1) 현수애자
2) 장간애자
3) 지지(라인포스트)애자
4) 특고 핀애자

12.

전선로에서 애자가 구비하여야 하는 조건 5가지를 쓰시오.

정답

1) 절연내력이 클 것
2) 기계적 강도가 클 것
3) 절연저항이 우수할 것
4) 충전용량이 작을 것
5) 가격이 저렴할 것

13.

지선의 시설 목적에 대하여 쓰시오.

> 정답

1) 지지물의 강도를 보강하고자 할 경우
2) 전선로의 안전성을 증대하고자 할 경우
3) 불평형 하중에 대한 평형을 이루고자 할 경우
4) 전선로가 건조물 등과 접근할 때 보안상 필요한 경우

14.

다음 그림과 같이 송전선로를 시설할 경우 이도 계산식에 대하여 쓰시오

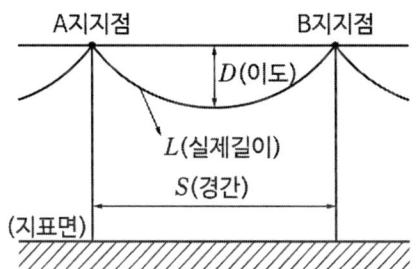

> 정답

이도 $D = \dfrac{WS^2}{8T}[m]$

    W : 전선의 중량[kg/m]
    S : 경간(span)[m]
    T : 전선의 수평장력[kg]

15.

경간 200[m]인 가공 송전선로가 있다. 전선 1[m]당 무게는 2.0[kg]이고 풍압 하중은 고려하지 않는다면, 인장 강도 4000[kg]의 전선을 사용할 때 딥과 전선의 실제 길이를 구하시오. (안전율은 2.2를 적용)

정답

1) 딥(D)

계산 : $D = \dfrac{WS^2}{8T} = \dfrac{2.0 \times 200^2}{8 \times 4000/2.2} = 5.5[m]$ 답 : 5.5[m]

2) 전선의 실제 길이(L)

계산 : $L = S + \dfrac{8D^2}{3S} = 200 + \dfrac{8 \times 5.5^2}{3 \times 200} = 200.4[m]$ 답 : 200.4[m]

16.

가공 전선로의 이도를 크게 하였을 때 장점과 단점을 2가지씩 쓰시오.

정답

1) 장점
   ① 안전율 증가
   ② 가선작업 용이

2) 단점
   ① 전선 진폭이 커지므로 혼촉되기 쉽다.
   ② 지지물 높이가 높아진다.

17.

5.0[mm]의 전선(경동선)이 200[m]의 경간에 가설될 때 갑종 풍압하중 상태에서 전선의 실장을 구하시오. (단, 안전율은 2.5, 인장하중 512.5[kg], 합성하중 0.41[kg/m])

정답

$$D = \frac{WS^2}{8T/k} = \frac{0.41 \times 200^2}{8 \times \frac{512.5}{2.5}} = 10[m]$$

$$L = S + \frac{8D^2}{3S} = 200 + \frac{8 \times 10^2}{3 \times 200} = 201.33[m]$$

18.

전선의 구비조건 5가지를 쓰시오.

정답

1) 도전율이 클 것
2) 기계적 강도가 클 것
3) 가격이 저렴할 것
4) 가요성이 클 것
5) 비중이 작고 내구성이 클 것

19.

다음은 A형 지선을 이용한 10m 콘크리트주의 공사를 그린 것이다. 도면을 보고 물음에 답하시오.

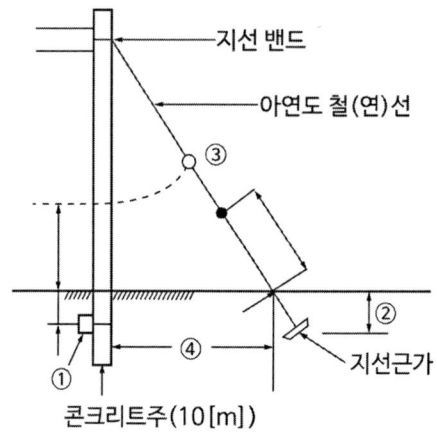

1) 기호 ①의 명칭은?

2) 기호 ②의 깊이는 최소 몇[m] 이상인가?

3) 콘크리트주 전체의 길이가 10[m]인 경우 묻히는 최소 길이는?

4) 기호 ③의 명칭은?

5) 기호 ④의 간격은 몇 [m]인가?

정답

1) 전주근가
2) 1.5[m]
3) $10 \times \dfrac{1}{6} = 1.67[m]$
4) 지선애자
5) 전주의 높이 $\times \dfrac{1}{2} = 10 \times \dfrac{1}{2} = 5[m]$

> 보충

지선의 굵기 및 시설방법

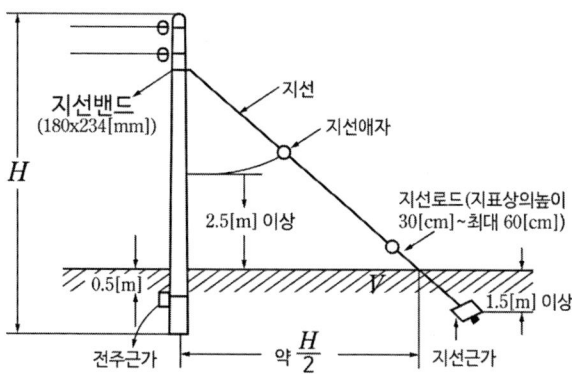

① 지선의 안전율은 2.5 이상일 것. 이 경우에 허용 인장하중의 최저는 4.31[kN]으로 한다.
② 지선에 연선을 사용할 경우에는 다음에 의할 것
   • 소선 3가닥 이상의 연선일 것
   • 소선의 지름이 2.6[mm] 이상의 금속선을 사용한 것일 것. 다만, 소선의 지름이 2[mm] 이상인 아연도강연선으로서 소선의 인장강도가 0.68[kN/mm²] 이상인 것을 사용하는 경우에는 그러하지 아니하다.
③ 지중부분 및 지표상 30[cm]까지의 부분에는 내식성이 있는 것 또는 아연도금을 한 철봉을 사용하고 쉽게 부식되지 아니하는 근가에 견고하게 붙일 것. 다만, 목주에 시설하는 지선에 대해서는 그러하지 아니하다.
④ 지선근가는 지선의 인장하중에 충분히 견디도록 시설할 것

20.

저압 수전의 단상 3선식의 설비 불평형률 산출식을 쓰시오.

정답

$$설비불평형률 = \frac{중성선과\ 각\ 전압측\ 전선간에\ 접속되는\ 부하설비용량[kVA]의\ 차}{총\ 부하설비\ 용량[kVA]의\ 1/2} \times 100[\%]$$

단, 불평형률은 40[%] 이하일 것

21.

저압, 고압 및 특고압 수전의 3상 3선식 또는 3상 4선식의 설비 불평형률 산출식을 쓰시오.

정답

$$설비불평형률 = \frac{각 선간에 접속되는 단상부하 총 부하설비용량[kVA]의 최대와 최소의 차}{총 부하설비 용량[kVA](3상 부하도 포함)의 \frac{1}{3}} \times 100[\%]$$

단, 불평형률은 30[%] 이하일 것

22.

다음 그림과 같이 3상 3선식 200[V] 수전인 경우의 설비불평형률을 계산하고 기준에 적합한지를 판단하시오.

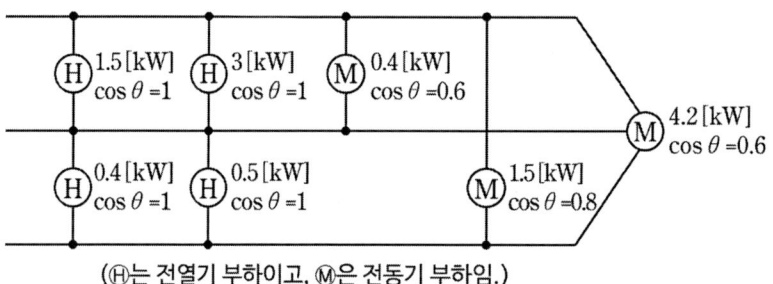

(Ⓗ는 전열기 부하이고, Ⓜ은 전동기 부하임.)

정답

$$설비불평형률 = \frac{(1.5 + 3 + \frac{0.4}{0.6}) - (0.4 + 0.5)}{(1.5 + 3 + \frac{0.4}{0.6} + 0.4 + 0.5 + \frac{1.5}{0.8} + \frac{4.2}{0.6}) \times \frac{1}{3}} \times 100 = 85.7[\%]$$

설비불평형률이 30[%]를 초과하였으므로 기준에 부적당함

23.

저압, 고압 및 특고압 수전의 3상 3선식 또는 3상 4선식에서 불평형 부하는 단상 접속 부하로 계산하여 설비 불평형률을 30[%] 이하로 하는 것을 원칙으로 한다. 그러나 이 원칙에 따르지 아니할 수 있는 경우가 있는데, 다음 경우로 구분하여 30[%] 제한에 따르지 않아도 되는 경우를 설명할 때 ( ) 안에 알맞은 내용을 쓰시오.

1) 저압 수전에서 (①) 등으로 수전하는 경우
2) 고압 및 특고압 수전에서는 (②)[kVA] 이하의 단상 부하인 경우
3) 특고압 및 고압 수전에서는 단상 부하 용량의 최대와 최소의 차가 (③)[kVA] 이하인 경우
4) 특고압 수전에서는 (④)[kVA] 이하의 단상 변압기 2대로 (⑤) 결선하는 경우

정답

① 전용 변압기 ② 100 ③ 100 ④ 100 ⑤ 역V

24.

다음 그림과 같은 100/200[V] 단상 3선식 회로를 보고 다음 각 물음에 답하시오.

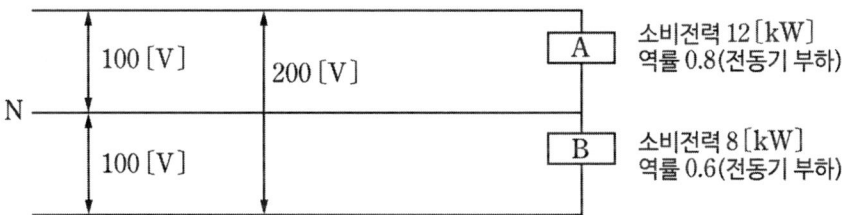

1) 중성선 N에 흐르는 전류는 몇 [A]인가?
2) 중성선의 굵기를 결정하는 전류는 몇 [A]인가?
3) 부하는 저압 전동기이다. 이 전동기의 허용 온도는 105[℃]라고 하면 이 전동기는 몇 종 절연을 인가?
4) A 전동기의 용량으로 양수를 한다면 양정 10[m], 펌프 효율 80[%] 정도에서 매분당 양수량은 몇 [㎥]이 되겠는가? (단, 여유계수는 1.1로 한다.)

정답

1) A상의 전류 : $I_A = \dfrac{12 \times 10^3}{100 \times 0.8} = 150[A]$

   B상의 전류 : $I_B = \dfrac{8 \times 10^3}{100 \times 0.6} = 133.33[A]$

   N상의 전류 : $I_N = I_A(\cos\theta_A - j\sin\theta_A) - I_B(\cos\theta_B - j\sin\theta_B)$

   $I_N = 150(0.8 - j0.6) - 133.33(0.6 - j0.8)$

   $\quad = 120 - j90 - 80 + j106.66 = 40 + j16.66$

   $\quad = \sqrt{40^2 + 16.66^2} = 43.33[A]$

2) 150[A]
3) A종 절연
4) 양수 펌프용 전동기의 용량 : $P = \dfrac{KQH}{6.12\eta}[kW]$

   여기서, $12[kW] = \dfrac{1.1 \times Q \times 10}{6.12 \times 0.8}$

   ∴ Q=5.34[㎥/min]

25.

공급점에서 30[m]의 지점에 80[A], 35[m] 지점에 60[A], 70[m] 지점에 50[A]의 부하가 걸려 있을 때 부하 중심까지의 거리는 몇 [m]인가? (계산은 소수점 둘째자리에서 반올림하여 계산하시오)

정답

1) 계산
$$L = \dfrac{l_1 i_1 + l_2 i_2 + l_3 i_3}{i_1 + i_2 + i_3} = \dfrac{30 \times 80 + 35 \times 60 + 70 \times 50}{80 + 60 + 50} = 42.11[m]$$

2) 답
   42.1[m]

26.

3상 4선식 380/220[V]배전방식에서 구내배선 긍장이 100[m], 부하의 최대 전류는 200[A]인 배선에서 전압 강하를 7[V]로 하고자 하는 경우에 사용하는 전선의 공칭 단면적 [㎟]은 얼마인가?

정답

1) 계산

$$A = \frac{17.8LI}{1,000e} = \frac{17.8 \times 100 \times 200}{1,000 \times 7} = 60.86[\text{㎟}]$$

2) 답

70[㎟]

보충

① 전압강하 계산

전기 방식	전압 강하		전선 단면적
단상 3선식 직류 3선식 3상 4선식	$e_1 = IR$	$e_1 = \dfrac{17.8LI}{1,000A}$	$A = \dfrac{17.8LI}{1,000e_1}$
단상 2선식 및 직류 2선식	$e_2 = 2IR = 2e_1$	$e_2 = \dfrac{35.6LI}{1,000A}$	$A = \dfrac{35.6LI}{1,000e_2}$
3상 3선식	$e_3 = \sqrt{3}IR = \sqrt{3}e_1$	$e_3 = \dfrac{30.8LI}{1,000A}$	$A = \dfrac{30.8LI}{1,000e_3}$

② KSC IEC 전선규격
 1.5, 2.5, 4, 6, 10, 16, 25, 35, 50, 70, 95, 120, 150, 185, 240, 300, 400, 500, 630[㎟]

27.

동작 시에 아크가 생기는 것은 목재의 벽 또는 천장기타의 가연성 물체로부터 얼마 이격시켜야 하는지 알맞은 거리를 쓰시오.

1) 고압용의 것 : (①) 이상

2) 특고압용의 것 : (②) 이상

정답

① 1[m]
② 2[m]

28.

불평형 부하의 제한에 관련된 다음 물음에 답하시오.

1) 저압, 고압 및 특고압 수전의 3상 3선식 또는 3상 4선식에서 불평형 부하의 한도는 단상 접속 부하로 계산하여 설비 불평형률을 몇 [%] 이하인지 기준을 쓰시오.

2) 부하 설비가 그림과 같을 때 설비 불평형률은 몇 [%]인가? (단, Ⓗ는 전열기 부하이고, Ⓜ은 전동기 부하임.)

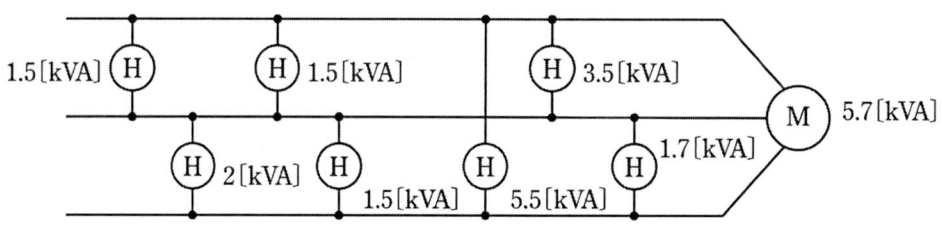

정답

1) 30[%] 이하

2) 불평형률 = $\dfrac{(3.5+1.5+1.5)-(2+1.5+1.7)}{(1.5+1.5+3.5+5.7+2+1.5+5.5+1.7) \times \dfrac{1}{3}} \times 100 = 17.03[\%]$

답 : 17.03[%]

29.

다음과 같은 단상 3선식 선로에서 설비 불평형률은 몇 [%]인가?

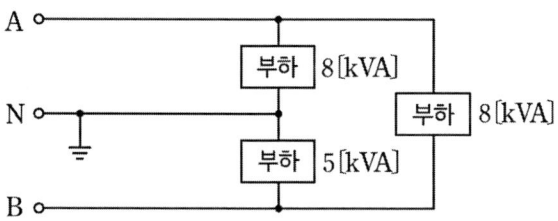

정답

1) 설비 불평형률 = $\dfrac{8-5}{(8+5+8) \times \dfrac{1}{2}} \times 100 = 28.57[\%]$

2) 답 : 28.57[%]

30.

다음 각 물음에 답하시오.

1) 저압, 고압 및 특고압 수전의 3상 3선식 또는 3상 4선식에서 불평형 부하의 한도는 단상 접속부하로 계산하여 설비불평형률을 몇 [%] 이하로 하는가?

2) 아래 그림과 같은 3상 3선식 380[V] 수전인 경우의 설비불평형률을 구하시오.
(단, 전열부하의 역률은 1이며, 전동기의 출력[kW]을 입력 [kVA]로 환산하면 5.2[kVA]이다.)

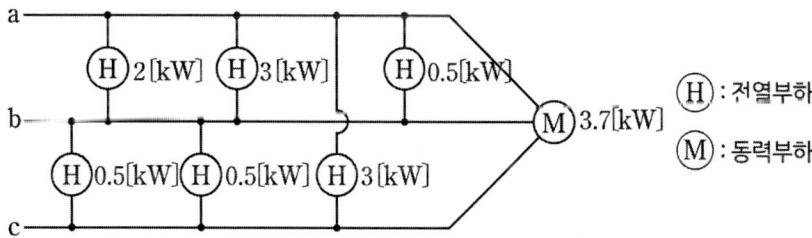

> 정답

1) 30[%]
2) 불평형률 = $\dfrac{(2+3+0.5)-(0.5+0.5)}{(2+3+0.5+5.2+3+0.5+0.5)\times\dfrac{1}{3}}\times 100 = 91.84[\%]$

31.

분전반에서 30[m]인 위치에 단상 교류 200[V] 5[kW]의 전열기용 아웃트렛을 설치하여, 그 전압강하를 4[V]이하가 되도록 하려고 한다. 배선방법을 금속관공사로 할 때 여기에 필요한 전선의 굵기를 계산하고, 실제 사용되는 전선의 공칭 굵기를 정하시오.

> 정답

1) 계산

$I = \dfrac{P}{E} = \dfrac{5,000}{200} = 25[A]$

$A = \dfrac{35.6LI}{1,000e} = \dfrac{35.6 \times 30 \times 25}{1,000 \times 4} = 6.68[mm^2]$

2) 답
10[㎟]

32.

단상 2선식 200[V]의 옥내배선에서 소비전력 60[W], 역률 65[%]의 형광등을 100[등] 설치할 때 이 시설을 15[A]의 분기회로로 하려고 한다. 이때 필요한 분기회로는 최소 몇 회선이 필요한가?(단. 한 회로의 부하전류는 분기회로 용량의 80[%]로 하고 수용률은 100[%]로 한다.

> 정답

1) 분기회로수 = $\dfrac{\dfrac{60}{0.65}\times 100}{200 \times 15 \times 0.8} = 3.85$ 회로

2) 답 : 15[A] 분기 4회로

33.

3상4선식 교류 380[V], 50[kVA] 부하가 변전실 배전반에서 270[m] 떨어져 설치되어 있다. 허용전압강하는 얼마이며 이 경우 배전용 케이블의 최소 굵기는 얼마로 하여야 하는지 계산하시오. (단, 케이블은 IEC 규격에 따른다.)

1) 허용 전압강하

2) 케이블의 굵기

정답

1) 허용 전압강하
계산 : $e = 380 \times 0.07 = 26.6[V]$

2) 케이블의 굵기
계산 : $I = \dfrac{50 \times 10^3}{\sqrt{3} \times 380} = 75.97[A]$

전선의 굵기 $A = \dfrac{17.8LI}{1{,}000e} = \dfrac{17.8 \times 270 \times 75.97}{1{,}000 \times 220 \times 0.07} = 23.71[\text{mm}^2]$

답 : 25[mm²]

34.

특고압 및 고압수전에서 대용량의 단상전기로 등의 사용으로 설비 부하평형의 제한에 따르기가 어려울 경우는 전기사업자와 협의하여 다음 각 호에 의하여 시설하는 것을 원칙으로 한다. 다음 (   )을 채우시오.

1) 단상 부하 1개의 경우는 (①)접속에 의할 것, 다만, 300[kVA]를 초과하지 말 것

2) 단상 부하 2개의 경우는 (②)접속에 의할 것(다만, 1개의 용량이 200[kVA] 이하인 경우는 부득이한 경우에 한하여 보통의 변압기 2대를 사용하여 별개의 선간에 부하를 접속할 수 있다.)

3) 단상 부하 3개 이상인 경우는 가급적으로 선로전류가 (③)이 되도록 각 선간에 부하를 접속할 것

정답

① 2V

② 스코트

③ 평형

35.

다음 조건의 분기선 허용전류는 얼마 이상으로 하여야 하는가? (간선에서 분기한 5[m] 지점에 분기회로를 보호하기 위한 과전류 차단기를 시설하였으며, 간선보호용 과전류 차단기의 정격전류는 120[A]이다.)

정답

1) 계산
   분기선 허용전류 $I_a \geq 0.35 \times 120 = 42[A]$

2) 답
   42[A]

36.

정격전류가 40[A]인 농형 유도전동기가 있다. 이것을 시설한 분기회로 전선의 허용 전류는 몇 [A] 이상이어야 하는가?

정답

1) 계산
   $I_a \geq 1.25 \times 40 = 50[A]$

2) 답
   50[A]

37.

금속관 배선의 교류 회로에서 1회로의 전선 전부를 동일 관내에 넣는 것을 원칙으로 하는데 그 이유는 무엇인가?

정답

전자적 불평형을 방지하기 위하여 동일 관내에 넣는 것을 원칙으로 한다.

38.

지중선로에 대한 장점과 단점을 각각 4가지씩 쓰시오.

1) 지중선로의 장점

2) 지중선로의 단점

정답

1) 지중선로의 장점
   ① 다수 회선을 같은 루트에 시설할 수 있다.
   ② 지하 시설로 설비 보안 유지가 용이하다.
   ③ 비바람이나 뇌 등 기상 조건에 영향을 받지 않는다.
   ④ 유도 장해가 경감된다.

2) 지중선로의 단점
   ① 같은 굵기의 도체로는 송전 용량이 작다.
   ② 건설비가 아주 비싸다.
   ③ 고장점 발견이 어렵고 복구가 어렵다.
   ④ 설비 구성상 신규수용에 대한 탄력성이 결여된다.

39.

수전단 전압이 3,300[V]이고, 전압 강하율이 5[%]일 때 송전단 전압은 얼마인가?

정답

전압 강하율 $\varepsilon = \dfrac{V_s - V_r}{V_r} \times 100 = \dfrac{e}{V_r} \times 100 [\%]$

송전단 전압 $V_s = V_r + e = V_r + \dfrac{\epsilon}{100} \times V_r$

$V_s = 3,300 + \dfrac{5}{100} \times 3,300 = 3,465 [V]$

40.

송전단 전압 66[kV], 수전단 전압 61[kV]인 송전 선로에서 수전단의 부하를 제거 경우의 수전단 전압이 63[kV]라 할 때, 전압 강하율(%)을 구하시오.

정답

1) 계산

   전압 강하율 $\epsilon = \dfrac{V_s - V_r}{V_r} \times 100 = \dfrac{66-61}{61} \times 100 = 8.2\,[\%]$

2) 답
   8.2[%]

41.

송전단 전압 66[kV], 수전단 전압 61[kV]인 송전 선로에서 수전단의 부하를 제거할 경우의 수전단 전압이 63[kV]라 할 때, 전압 변동률(%)을 구하시오.

정답

1) 계산

   전압 변동률 $\epsilon = \dfrac{V_{r0} - V_r}{V_r} \times 100 = \dfrac{63-61}{61} \times 100 = 3.28\,[\%]$

2) 답
   3.28[%]

42.

3상 4선식에서 역률 100[%] 조건에서 부하가 각 상과 중성선 간에 연결되어 있다. a상, b상, c상에 전류가 각각 110[A], 86[A], 95[A]이라면, 중성선 N상에 흐르는 전류의 크기를 계산하시오.

정답

1) 계산

$$|I_N| = 110 + 86(1/\underline{-120°}) + 95(1/\underline{-240°})$$
$$= 110 + 86(-\frac{1}{2} - j\frac{\sqrt{3}}{2}) + 95(-\frac{1}{2} + j\frac{\sqrt{3}}{2})$$
$$= 110 - 43 - j74.48 - 47.5 + j82.27 = 19.5 + j7.79 = \sqrt{19.5^2 + 7.79^2} = 21[A]$$

2) 답
21[A]

43.

가정용 100[V] 전압을 200[V]로 승압할 경우 손실전력의 감소는 몇 [%]인가?

정답

1) 계산

$P_L \propto \dfrac{1}{V^2}$ 이므로 $P'_L = (\dfrac{100}{200})^2 P_L = 0.25 P_L$

∴ 감소는 1-0.25=0.75

2) 답
75[%] 감소

44.

고조파 장해 방지대책에 대하여 5가지를 쓰시오.

정답

1) 전력변환 장치의 Pulse수를 크게 한다.
2) 고조파 필터를 사용하여 제거한다.
3) 고조파를 발생하는 기기들을 따로 모아 결선해서 별도의 상위 전원으로부터 전력을 공급하고 여타 기기들로부터 분리시킨다.
4) 전력용 콘덴서에는 직렬 리액터를 설치한다.
5) PWM제어방식을 채택한다.

45.

3상 4선식 선로의 선로전류가 39[A]이고, 제 3고조파 성분이 40[%]일 경우 중성선 전류 및 전선의 굵기를 선택하시오.

전선 굵기[㎟]	전류[A]
6	41
10	57
16	76

정답

1. 계산

각 상의 제 3고조파 성분의 전류크기 $I_{A3} = I_{B3} = I_{C3} = 39 \times 0.4 = 15.6[A]$ 중성선에 흐르는 제 3고조파 전류 $I_N = 15.6 \times 3 = 46.8[A]$

2) 답

46.8[A], 10[㎟]

보충

중성선에 흐르는 전류는 기본파 전류와 제 3고조파 전류의 합이므로

- 기본파 전류 합
$I_{N1} = I_{A1} + I_{B1} + I_{C1} = I_1 \sin\omega t + I_1 \sin(\omega t - 120°) + I_1 \sin(\omega t - 240°) = 0[A]$

- 제 3고조파 전류 합
$I_{N3} = I_{A3} + I_{B3} + I_{C3} = I_3 \sin 3\omega t + I_3 \sin 3(\omega t - 120°) + I_3 \sin 3(\omega t - 240°)$
$= 3I_3 \sin 3\omega t [A]$

46.

수전단 상전압 22,000[V], 전류 400[A], 선로의 저항 $R = 3[\Omega]$, 리액턴스 $X = 5[\Omega]$일 때, 전압 강하율은 몇 [%]인가? (이때 수전단 역률은 0.8)

정답

1. 풀이
$$\varepsilon = \frac{e}{E_r} \times 100 = \frac{400 \times (3 \times 0.8 + 5 \times 0.6)}{22{,}000} \times 100 = 9.82[\%]$$

2) 답
9.82[%]

47.

3상 4선식 22.9[kV] 수전 설비의 부하 전류가 30[A]이다. 50/5[A]의 변류기를 통하여 과부하 계전기를 시설하였다. 120[%]의 과부하에서 차단기를 동작시키려면 과부하 트립 전류값은 몇 [A]로 설정해야 하는가?

정답

1) 계산

과전류 계전기의 전류 탭 $(I_t) = 30 \times \dfrac{5}{50} \times 1.2 = 3.6$

2) 답
3.6[A] 설정

48.

3상 4선식에서 역률 100[%]의 부하가 각 상과 중성선간에 연결되어 있다. a상, b상, c상에 흐르는 전류가 각각 200[A], 160[A], 180[A]이다. 중성선에 흐르는 전류크기[A]를 절대값으로 계산하시오?

정답

1) 계산
$$I_n = 200 + 160(1\underline{/-120°}) + 180(1\underline{/-240°})$$
$$= 200 + 160\left(-\frac{1}{2} - j\frac{\sqrt{3}}{2}\right) + 180\left(-\frac{1}{2}\quad j\frac{\sqrt{3}}{2}\right)$$
$$= 30 + j10\sqrt{3} = 34.64[A]$$

2) 답
34.64[A]

49.

다음 그림과 같은 회로에서 단상전압 105[V]전동기의 전압 측 리드선과 전동기 외함사이가 완전히 지락되었다. 변압기의 저압측은 접지로 저항이 20[Ω], 전동기 외함 접지저항이 30[Ω]이라 할 때, 접촉한 사람에게 위험을 줄 대지전압은 몇[V]인가? (단, 변압기 및 선로의 임피던스는 무시한다.)

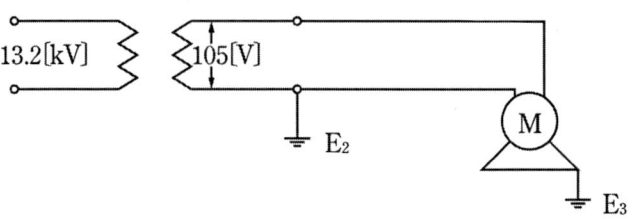

정답

1) 계산

$$e = \frac{V}{R_2 + R_3} \times R_3 = \frac{105}{20 + 30} \times 30 = 63[V]$$

2) 답
63[V]

50.

전기설비 방폭기기를 구조에 따라 4종류를 쓰시오.

정답

1) 내압 방폭구조
2) 유입 방폭구조
3) 압력 방폭구조
4) 안전증 방폭구조

51.

전기설비 방폭기기를 구조에 따라 4종류를 쓰시오.

정답

1) 전력 변환 장치의 Pulse 수를 크게 한다.
2) 전력 변환 장치의 전원 측에 교류 리액터를 설치한다.
3) 부하측 부근에 고조파 필터를 설치한다.
4) 기기의 접지를 고조파 발생기기의 접지와 분리한다.
5) 고조파 발생기기와 충분한 이격거리 확보 및 차폐 케이블을 사용한다.

52.

다음 그림과 같은 평형 3상 회로에서 운전되는 유도 전동기에 전력계, 전압계, 전류계를 접속하고, 각 계기의 지시를 측정하니 전력계 W_1 = 6.57[kW], W_2 = 4.38[kW], 전압계 V = 220[V], 전류계 I = 30.41[A]이었을 때, 다음 각 물음에 답하시오.

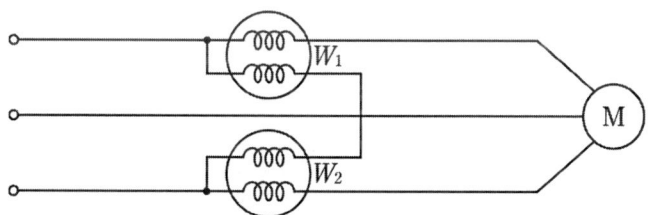

1) 전압계와 전류계를 적당한 위치에 도면을 작성하시오.

2) 유효전력은 몇 [kW]인가?

3) 피상전력은 몇 [kW]인가?

4) 역률은 몇 [%]인가?

5) 이 유도 전동기로 30[m/min]의 속도로 물체를 권상한다면 몇 [kg]까지 가능하겠는가?
   (단, 종합 효율은 85[%]이다.)

1)

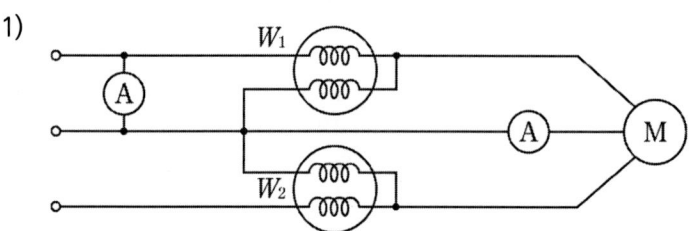

2) 유효전력

계산 : 유효 전력 $P = W_1 + W_2 = 6.57 + 4.38 = 10.95 [kW]$

답 : 10.95[kW]

3) 피상전력

계산과정 : 피상 전력 $P_a = \sqrt{3}\,VI = \sqrt{3} \times 220 \times 30.41 \times 10^{-3} = 11.59 [kVA]$

답 : 11.59[kVA]

4) 역률

계산 : 역률 $\cos\theta = \dfrac{P}{Pa} \times 100 = \dfrac{10.95}{11.59} \times 100 = 94.48 [\%]$

답 : 94.48[%]

5) 권상하는 무게

계산 : 권상기 용량 $P = \dfrac{MV}{6.12\eta}[kw]$ 에서

$$M = \dfrac{P \times 6.12\eta}{V} = \dfrac{(10.95 \times 10^3) \times 6.12 \times 0.85}{30} = 1,898.73 [kg]$$

답 : 1,898.73[kg]

53.

400[V] 이상 저압옥내배선의 시설장소와 배선방법에서 (가능은 ○, 불가능은 ×로 표시하시오.)

정답

시설장소 배선방법	옥내		은폐장소			
			점검가능		점검불가능	
	건조한 장소	습기가 많은 장소	건조한 장소	습기가 많은 장소	건조한 장소	습기가 많은 장소
애자사용 배선	○	○	○	○	×	×
금속관 배선	○	○	○	○	○	○
합성수지관 배선	○	○	○	○	○	○

54.

전선 굵기를 결정하는 요소 3가지를 쓰시오.

정답

1) 허용전류
2) 전압강하
3) 기계적 강도

아우름 전기기능장 필답형 실기

PART 07
소방전기설비

CHAPTER 01 누전경보기(NFSC 205)

1. 설치방법
1) 경계전로의 정격전류가 60A를 초과하는 전로에 있어서는 1급 누전경보기를, 60A 이하의 전로에 있어서는 1급 또는 2급 누전경보기를 설치할 것
2) 변류기는 점검이 쉬운 위치에 설치할 것
3) 변류기를 옥외의 전로에 설치하는 경우에는 옥외형으로 설치할 것

2. 수신부 설치
1) 누전경보기의 수신부는 옥내의 점검에 편리한 장소에 설치하되, 가연성의 증기·먼지 등이 체류할 우려가 있는 장소의 전기회로에는 해당 부분의 전기회로를 차단할 수 있는 기구를 가진 수신부를 설치할 것
2) 누전경보기의 수신부 설치 불가 장소
   ① 가연성의 증기·먼지·가스 등이나 부식성의 증기·가스 등이 다량으로 체류하는 장소
   ② 화약류를 제조하거나 저장 또는 취급하는 장소
   ③ 습도가 높은 장소
   ④ 온도의 변화가 급격한 장소
   ⑤ 대전류회로·고주파 발생회로 등에 따른 영향을 받을 우려가 있는 장소
3) 음향장치는 수위실 등 상시 사람이 근무하는 장소에 설치하여야 하며, 그 음량 및 음색은 다른 기기의 소음 등과 명확히 구별할 수 있을 것

3. 전원설비
1) 전원은 분전반으로부터 전용회로로 하고, 각 극에 개폐기 및 15A 이하의 과전류차단기(배선용 차단기에 있어서는 20A 이하의 것으로 각 극을 개폐할 수 있는 것)를 설치할 것
2) 전원을 분기할 때에는 다른 차단기에 따라 전원이 차단되지 아니하도록 할 것
3) 전원의 개폐기에는 누전경보기용임을 표시한 표지를 할 것

CHAPTER 02 유도등 및 유도표지(NFSC 303)

1. 피난구유도등 설치장소 및 설치 높이

1) 옥내로부터 직접 지상으로 통하는 출입구 및 그 부속실의 출입구
2) 직통계단·직통계단의 계단실 및 그 부속실의 출입구
3) 출입구에 이르는 복도 또는 통로로 통하는 출입구
4) 안전구획된 거실로 통하는 출입구
5) 피난구유도등은 피난구의 바닥으로부터 높이 1.5m 이상으로서 출입구에 인접하도록 설치할 것

2. 통로유도등 설치기준

1) 복도통로유도등

① 복도에 설치할 것
② 구부러진 모퉁이 및 보행거리 20m마다 설치할 것
③ 바닥으로부터 높이 1m 이하의 위치에 설치할 것
④ 바닥에 설치하는 통로유도등은 하중에 따라 파괴되지 아니하는 강도의 것으로 할 것

2) 거실통로유도등

① 거실의 통로에 설치할 것
② 구부러진 모퉁이 및 보행거리 20m마다 설치할 것
③ 바닥으로부터 높이 1.5m 이상의 위치에 설치할 것

3) 계단통로유도등은 다음 각 목의 기준에 따라 설치할 것

① 각층의 경사로 참 또는 계단참마다 설치할 것
② 바닥으로부터 높이 1m 이하의 위치에 설치할 것

4) 기타

① 통행에 지장이 없도록 설치할 것
② 주위에 이와 유사한 등화광고물·게시물 등을 설치하지 아니할 것

3. 객석유도등 설치기준

1) 객석유도등은 객석의 통로, 바닥 또는 벽에 설치할 것
2) 객석내의 통로가 경사로 또는 수평로로 되어 있는 부분은 다음의 식에 따라 산출한 수 (소수점 이하의 수는 1로 본다)의 유도등을 설치할 것

$$설치갯수 = \frac{객석 통로의 직선부분의 길이(m)}{4} - 1$$

3) 객석내의 통로가 옥외 또는 이와 유사한 부분에 있는 경우에는 해당 통로 전체에 미칠 수 있는 수의 유도등을 설치할 것

4. 유도표지 설치기준

1) 계단에 설치하는 것을 제외하고는 각층마다 복도 및 통로의 각 부분으로부터 하나의 유도표지까지의 보행거리가 15m 이하가 되는 곳과 구부러진 모퉁이의 벽에 설치할 것
2) 피난구유도표지는 출입구 상단에 설치하고 통로유도표지는 바닥으로부터 높이 1m 이하의 위치에 설치할 것
3) 주위에는 이와 유사한 등화·광고물·게시물 등을 설치하지 아니할 것
4) 유도표지는 부착판 등을 사용하여 쉽게 떨어지지 아니하도록 설치할 것
5) 축광방식의 유도표지는 외광 또는 조명장치에 의하여 상시 조명이 제공되거나 비상조명등에 의한 조명이 제공되도록 설치할 것

5. 피난유도선 설치기준

1) 축광방식

① 구획된 각 실로부터 주출입구 또는 비상구까지 설치할 것
② 바닥으로부터 높이 50㎝ 이하의 위치 또는 바닥 면에 설치할 것
③ 피난유도 표시부는 50㎝ 이내의 간격으로 연속되도록 설치할 것
④ 부착대에 의하여 견고하게 설치할 것
⑤ 외광 또는 조명장치에 의하여 상시 조명이 제공되거나 비상조명등에 의한 조명이 제공되도록 설치할 것

2) 광원점등방식

① 구획된 각 실로부터 주출입구 또는 비상구까지 설치할 것
② 피난유도 표시부는 바닥으로부터 높이 1m 이하의 위치 또는 바닥 면에 설치할 것
③ 피난유도 표시부는 50㎝ 이내의 간격으로 연속되도록 설치하되 실내장식물 등으로 설치가 곤란할 경우 1m 이내로 설치할 것
④ 수신기로부터의 화재신호 및 수동조작에 의하여 광원이 점등되도록 설치할 것

⑤ 비상전원이 상시 충전상태를 유지하도록 설치할 것

⑥ 바닥에 설치되는 피난유도 표시부는 매립하는 방식을 사용할 것

⑦ 피난유도 제어부는 조작 및 관리가 용이하도록 바닥으로부터 0.8m 이상 1.5m 이하의 높이에 설치할 것

6. 유도등의 전원

1) 축전지로 할 것
2) 유도등을 20분 이상 유효하게 작동시킬 수 있는 용량으로 할 것
3) 유도등을 20분 이상 유효하게 작동시킬 수 있는 용량으로 할 것. 다만, 다음 각 목의 특정소방대상물의 경우에는 그 부분에서 피난층에 이르는 부분의 유도등을 60분 이상 유효하게 작동시킬 수 있는 용량으로 할 것

   ① 지하층을 제외한 층수가 11층 이상의 층

   ② 지하층 또는 무창층으로서 용도가 도매시장·소매시장·여객자동차터미널·지하역사 또는 지하상가

4) 배선기준

   ① 유도등의 인입선과 옥내배선은 직접 연결할 것

   ② 유도등은 전기회로에 점멸기를 설치하지 아니하고 항상 점등상태를 유지할 것

5) 3선식 배선에 따라 상시 충전되는 구조가 적용되는 장소

   ① 외부광(光)에 따라 피난구 또는 피난방향을 쉽게 식별할 수 있는 장소

   ② 공연장, 암실(暗室) 등으로서 어두워야 할 필요가 있는 장소

   ③ 특정소방대상물의 관계인 또는 종사원이 주로 사용하는 장소

6) 3선식 배선으로 상시 충전되는 유도등의 전기회로에 점멸기를 설치한 경우 점등 시기

   ① 자동화재탐지설비의 감지기 또는 발신기가 작동되는 때

   ② 비상경보설비의 발신기가 작동되는 때

   ③ 상용전원이 정전되거나 전원선이 단선되는 때

   ④ 방재업무를 통제하는 곳 또는 전기실의 배전반에서 수동으로 점등하는 때

   ⑤ 자동소화설비가 작동되는 때

CHAPTER 03 비상조명등(NFSC 304)

1. 비상조명등 설치기준

1) 각 거실과 그로부터 지상에 이르는 복도·계단 및 그 밖의 통로에 설치할 것
2) 조도는 비상조명등이 설치된 장소의 각 부분의 바닥에서 1lx 이상이 되도록 할 것
3) 예비전원을 내장하는 비상조명등에는 평상시 점등여부를 확인할 수 있는 점검스위치를 설치하고 해당 조명등을 유효하게 작동시킬 수 있는 용량의 축전지와 예비전원 충전장치를 내장할 것
4) 예비전원을 내장하지 아니하는 비상조명등의 비상전원은 자가발전설비, 축전지설비 또는 전기 저장장치의 시설기준
   ① 점검에 편리하고 화재 및 침수 등의 재해로 인한 피해를 받을 우려가 없는 곳에 설치할 것
   ② 상용전원으로부터 전력의 공급이 중단된 때에는 자동으로 비상전원으로부터 전력을 공급받을 수 있도록 할 것
   ③ 비상전원의 설치장소는 다른 장소와 방화구획 할 것
   ④ 비상전원을 실내에 설치하는 때에는 그 실내에 비상조명등을 설치할 것
5) 비상전원은 비상조명등을 20분 이상 유효하게 작동시킬 수 있는 용량으로 할 것
6) 유도등을 20분 이상 유효하게 작동시킬 수 있는 용량으로 할 것. 다만, 다음 각 목의 특정 소방대상물의 경우에는 그 부분에서 피난층에 이르는 부분의 유도등을 60분 이상 유효하게 작동시킬 수 있는 용량으로 할 것
   ① 지하층을 제외한 층수가 11층 이상의 층
   ② 지하층 또는 무창층으로서 용도가 도매시장·소매시장·여객자동차터미널·지하역사 또는 지하상가

2. 휴대용 비상조명 설치기준

1) 설치 장소

① 숙박시설 또는 다중이용업소에는 객실 또는 영업장안의 구획된 실마다 잘 보이는 곳에 1개 이상 설치할 것
② 대규모점포와 영화상영관에는 보행거리 50m 이내마다 3개 이상 설치할 것
③ 지하상가 및 지하역사에는 보행거리 25m 이내마다 3개 이상 설치할 것

2) 설치기준

① 설치높이는 바닥으로부터 0.8m 이상 1.5m 이하의 높이에 설치할 것

② 어둠속에서 위치를 확인할 수 있도록 하고, 사용 시 자동으로 점등되는 구조일 것

③ 외함은 난연성능이 있을 것

④ 건전지를 사용하는 경우에는 방전방지조치를 하여야 하고, 충전식 배터리 배터리의 경우에는 상시 충전되도록 할 것

⑤ 건전지 및 충전식 배터리의 용량은 20분 이상 유효하게 사용할 수 있는 것으로 할 것

CHAPTER 04　제연설비(NFSC 501)

1. 제연설비의 전원

1) 전원의 종류
비상전원은 자가발전설비, 축전지설비 또는 전기저장장치, 2회선 수전

2) 설치기준
① 점검에 편리하고 화재 및 침수 등의 재해로 인한 피해를 받을 우려가 없는 곳에 설치할 것
② 제연설비를 유효하게 20분 이상 작동할 수 있도록 할 것
③ 상용전원으로부터 전력의 공급이 중단된 때에는 자동으로 비상전원으로부터 전력을 공급받을 수 있도록 할 것
④ 비상전원의 설치장소는 다른 장소와 방화구획 할 것
⑤ 비상전원을 실내에 설치하는 때에는 그 실내에 비상조명등을 설치할 것

2. 제연설비의 기동
가동식의 벽·제연경계벽·댐퍼 및 배출기의 작동은 자동화재감지기와 연동되어야 하며, 예상 제연구역(또는 인접장소) 및 제어반에서 수동으로 기동이 가능하도록 할 것

CHAPTER 05 비상콘센트설비(NFSC 504)

1. 전원설비

1) 저압수전인 경우에는 인입개폐기의 직후에서, 고압수전 또는 특고압수전인 경우에는 전력용 변압기 2차 측의 주차단기 1차 측 또는 2차 측에서 분기하여 전용배선으로 할 것
2) 지하층을 제외한 층수가 7층 이상으로서 연면적이 2,000㎡ 이상이거나 지하층의 바닥면적의 합계가 3,000㎡ 이상인 특정소방대상물의 비상콘센트설비에는 자가발전설비, 비상전원 수전 설비 또는 전기저장장치를 비상전원으로 설치할 것
3) 비상전원 중 자가발전설비 설치 기준
   ① 점검에 편리하고 화재 및 침수 등의 재해로 인한 피해를 받을 우려가 없는 곳에 설치할 것
   ② 비상콘센트설비를 유효하게 20분 이상 작동시킬 수 있는 용량으로 할 것
   ③ 상용전원으로부터 전력의 공급이 중단된 때에는 자동으로 비상전원으로부터 전력을 공급받을 수 있도록 할 것
   ④ 비상전원의 설치장소는 다른 장소와 방화구획 할 것
   ⑤ 비상전원을 실내에 설치하는 때에는 그 실내에 비상조명등을 설치할 것

2. 비상콘센트의 전원설비

1) 비상콘센트설비의 전원회로는 단상교류 220V인 것으로서, 그 공급용량은 1.5kVA 이상인 것으로 할 것
2) 전원회로는 각층에 2 이상이 되도록 설치할 것
3) 전원회로는 주배전반에서 전용회로로 할 것
4) 전원으로부터 각 층의 비상콘센트에 분기되는 경우에는 분기배선용 차단기를 보호함안에 설치할 것
5) 콘센트마다 배선용 차단기를 설치하여야 하며, 충전부가 노출되지 아니하도록 할 것
6) 개폐기에는 "비상콘센트"라고 표시한 표지를 할 것
7) 비상콘센트용의 풀박스 등은 방청도장을 한 것으로서, 두께 1.6㎜ 이상의 철판으로 할 것
8) 하나의 전용회로에 설치하는 비상콘센트는 10개 이하로 할 것
9) 비상콘센트의 플러그접속기는 접지형2극 플러그접속기를 사용할 것
10) 비상콘센트의 플러그접속기의 칼받이의 접지극에는 접지공사를 할 것
11) 비상콘센트는 바닥으로부터 높이 0.8m 이상 1.5m 이하의 위치에 설치할 것
12) 비상콘센트설비의 전원부와 외함 사이의 절연저항 및 절연내력 기준

① 절연저항은 전원부와 외함 사이를 500V 절연저항계로 측정할 때 20㏁ 이상일 것
② 절연내력은 전원부와 외함 사이에 정격전압이 150V 이하인 경우에는 1,000V의 실효전압을, 정격전압이 150V 이상인 경우에는 그 정격전압에 2를 곱하여 1,000을 더한 실효전압을 가하는 시험에서 1분 이상 견디는 것으로 할 것

3. 보호함
1) 보호함에는 쉽게 개폐할 수 있는 문을 설치할 것
2) 보호함 표면에 "비상콘센트"라고 표시한 표지를 할 것
3) 보호함 상부에 적색의 표시등을 설치할 것

4. 배선
전원회로의 배선은 내화배선으로, 그 밖의 배선은 내화배선 또는 내열배선으로 할 것

CHAPTER 06 무선통신보조설비(NFSC 505)

1. 누설동축케이블

1) 소방전용주파수대에서 전파의 전송 또는 복사에 적합한 것으로서 소방전용의 것으로 할 것
2) 누설동축케이블과 이에 접속하는 안테나 또는 동축케이블과 이에 접속하는 안테나로 구성할 것
3) 누설동축케이블 및 동축케이블은 불연 또는 난연성의 것으로서 습기에 따라 전기의 특성이 변질되지 아니하는 것으로 하고, 노출하여 설치한 경우에는 피난 및 통행에 장애가 없도록 할 것
4) 누설동축케이블 및 동축케이블은 화재에 따라 해당 케이블의 피복이 소실된 경우에 케이블 본체가 떨어지지 아니하도록 4m 이내마다 금속제 또는 자기제등의 지지금구로 벽, 천장, 기둥 등에 견고하게 고정시킬 것
5) 누설동축케이블 및 안테나는 금속판 등에 따라 전파의 복사 또는 특성이 현저하게 저하되지 아니하는 위치에 설치할 것
6) 누설동축케이블 및 안테나는 고압의 전로로부터 1.5 m 이상 떨어진 위치에 설치할 것
7) 누설동축케이블의 끝부분에는 무반사 종단저항을 견고하게 설치할 것
8) 누설동축케이블 또는 동축케이블의 임피던스는 50 Ω으로 하고, 이에 접속하는 안테나, 분배기 기타의 장치는 해당 임피던스에 적합할 것

2. 무선통신보조설비

1) 누설동축케이블 또는 동축케이블과 이에 접속하는 안테나가 설치된 층은 모든 부분에서 유효하게 통신이 가능할 것
2) 옥외 안테나와 연결된 무전기와 건축물 내부에 존재하는 무전기 간의 상호통신, 건축물 내부에 존재하는 무전기 간의 상호통신, 옥외 안테나와 연결된 무전기와 방재실 또는 건축물 내부에 존재하는 무전기와 방재실 간의 상호통신이 가능할 것

3. 분배기, 분파기

1) 먼지·습기 및 부식 등에 따라 기능에 이상을 가져오지 아니하도록 할 것
2) 임피던스는 50 Ω의 것으로 할 것
3) 점검에 편리하고 화재 등의 재해로 인한 피해이 우려가 없는 장소에 설치할 것

4. 증폭기 및 무선중계기

1) 전원은 전기가 정상적으로 공급되는 축전지, 전기저장장치 또는 교류전압 옥내간선으로 하고, 전원까지의 배선은 전용으로 할 것
2) 증폭기의 전면에는 주 회로의 전원이 정상인지의 여부를 표시할 수 있는 표시등 및 전압계를 설치할 것
3) 증폭기에는 비상전원이 부착된 것으로 하고 해당 비상전원 용량은 무선통신보조설비를 유효 하게 30분 이상 작동시킬 수 있는 것으로 할 것
4) 증폭기 및 무선중계기를 설치하는 경우에는 「전파법」 제58조의2에 따른 적합성평가를 받은 제품으로 설치하고 임의로 변경하지 않도록 할 것
5) 디지털 방식의 무전기를 사용하는데 지장이 없도록 설치할 것

CHAPTER 07 핵심 예상 문제

01.

누전경보기 설치방법에 대한 기준입니다. 다음의 ( )를 채우시오.

1) 경계전로의 정격전류가 ( )를 초과하는 전로에 있어서는 1급 누전경보기를, 60A 이하의 전로에 있어서는 ( ) 또는 ( ) 누전경보기를 설치할 것
2) 변류기는 점검이 쉬운 위치에 설치할 것
3) 변류기를 옥외의 전로에 설치하는 경우에는 ( )으로 설치할 것

정답

1) 경계전로의 정격전류가 (60A)를 초과하는 전로에 있어서는 1급 누전경보기를, 60A 이하의 전로에 있어서는 (1급) 또는 (2급) 누전경보기를 설치할 것
2) 변류기는 점검이 쉬운 위치에 설치할 것
3) 변류기를 옥외의 전로에 설치하는 경우에는 (옥외형)으로 설치할 것

02.

객석유도등 설치 개수 계산식에 대하여 설명하시오.

정답

$$설치갯수 = \frac{객석 통로의 직선부분의 길이(m)}{4} - 1$$

03.

유도등에 사용하는 전원의 종류와 작동시킬 수 있는 시간에 대하여 설명하시오.

정답

축전지, 20분 이상

04.

비상조명등의 설치기준에 대한 기준입니다. 다음의 ( )를 채우시오

1) 설치높이는 바닥으로부터 ( ) 이상 ( ) 이하의 높이에 설치할 것
2) 어둠속에서 위치를 확인할 수 있도록 하고, 사용 시 자동으로 점등되는 구조일 것
3) 외함은 ( )성능이 있을 것
4) 건전지를 사용하는 경우에는 방전방지조치를 하여야 하고, 충전식 배터리의 경우에는 상시 충전되도록 할 것
5) 건전지 및 충전식 배터리의 용량은 ( )분 이상 유효하게 사용할 수 있는 것으로 할 것

> **정답**
>
> 1) 설치높이는 바닥으로부터 (0.8m) 이상 (1.5m) 이하의 높이에 설치할 것
> 2) 어둠속에서 위치를 확인할 수 있도록 하고, 사용 시 자동으로 점등되는 구조일 것
> 3) 외함은 (난연)성능이 있을 것
> 4) 건전지를 사용하는 경우에는 방전방지조치를 하여야 하고, 충전식 배터리의 경우에는 상시 충전되도록 할 것
> 5) 건전지 및 충전식 배터리의 용량은 (20)분 이상 유효하게 사용할 수 있는 것으로 할 것

05.

제연설비에 사용되는 비상전원의 종류에 대하여 설명하시오.

> **정답**
>
> 비상전원은 자가발전설비, 축전지설비 또는 전기저장장치, 2회선 수전

06.

비상콘센트의 전원설비에 대한 기준입니다. 다음의 (   )를 채우시오.

1) 비상콘센트설비의 전원회로는 단상교류 (   ) V인 것으로서, 그 공급용량은 (   ) kVA 이상인 것으로 할 것
2) 전원회로는 각층에 2 이상이 되도록 설치할 것
3) 전원회로는 주배전반에서 (   )회로로 할 것
4) 하나의 전용회로에 설치하는 비상콘센트는 (   )개 이하로 할 것
5) 비상콘센트는 바닥으로부터 높이 (   )m 이상 (   )m 이하의 위치에 설치할 것

> 정답

1) 비상콘센트설비의 전원회로는 단상교류 (220) V인 것으로서, 그 공급용량은 (1.5) kVA 이상인 것으로 할 것
2) 전원회로는 각층에 2 이상이 되도록 설치할 것
3) 전원회로는 주배전반에서 (전용)회로로 할 것
4) 하나의 전용회로에 설치하는 비상콘센트는 (10)개 이하로 할 것
5) 비상콘센트는 바닥으로부터 높이 (0.8)m 이상 (1.5)m 이하의 위치에 설치할 것

07.

비상콘센트설비의 전원부와 외함 사이의 절연저항 기준에 대하여 설명하시오.

> 정답

절연저항은 전원부와 외함 사이를 500V 절연저항계로 측정할 때 20㏁ 이상일 것

08.

화재안전기준의 비상콘센트설비에 관한 사항이다. (   ) 안에 알맞은 내용을 쓰시오.

1) 바닥으로부터 높이 (①)[m] 이상 (②)[m] 이하의 위치에 설치한다.

2) 당해 층의 각 부분으로부터 하나의 비상콘센트까지의 수평거리가 (③)[m] 이하가 되도록 배치한다.

3) 하나의 전용회로에 설치하는 비상콘센트는 (④)개 이하로 할 것

4) 비상 콘센트용의 풀박스 등은 방청도장을 한 것으로서, 두께 (⑤)[mm] 이상의 철판으로 할 것

> 정답
>
> ① 0.8
> ② 1.5
> ③ 50
> ④ 10
> ⑤ 1.6

09.

화재안전기준의 비상콘센트설비에 관한 내용 중 상용전원회로의 배선은 다음의 경우에 어디 위치에서 분기하여 전용 배선으로 하는지 설명하시오.

1) 저압 수전인 경우

2) 특고압 수전 또는 고압 수전인 경우

> 정답
>
> 1) 인입개폐기의 직후에서 분기
> 2) 전력용변압기 2차 측의 주차단기 1차 측 또는 2차 측에서 분기

10.

감지기의 부착높이가 바닥으로부터 7.5[m], 바닥면적이 1,200[㎡]인 내화구조로 된 보일러실에 자동화재 탐지용으로 정온식 스포트형 1종 감지기를 설치할 때 필요한 감지기의 최소 개수는 얼마인가?

정답

1) 계산

$$N = \frac{1,200}{30} = 40[개]$$

2) 답

40[개]

보충

(1) 소방대상물에 따른 감지기 필요수량 (단위 : [㎡])

부착높이 및 소방대상물의 구분		감지기의 종류				
		차동식,보상식 스포트형		정온식 스포트형		
		1종	2종	특종	1종	2종
4[m] 미만	주요구조부를 내화구조로 한 소방대상물 또는 그 부분	90	70	70	60	20
	기타 구조의 소방대상물 또는 그 부분	50	40	40	30	15
4[m] 이상 8[m] 미만	주요구조부를 내화구조로 한 소방대상물 또는 그 부분	45	35	35	30	
	기타 구조의 소방대상물 또는 그 부분	30	25	25	15	

(2) 감지기 최소설치 개수

부착높이 7.5[m], 내화구조, 정온식 스포트형 1종 감지기는 바닥면적 30[㎡]마다 1개 이상 설치하여야 하므로

$$\therefore 감지기\ 최소설치\ 개수 = \frac{바닥면적}{기준면적} = \frac{1,200}{30} = 40개$$

11.

정온식 스포트형 감지기(2종)와 연기감지기(광전식 1종)가 유효하게 감지할 수 있는 감지기의 최대 부착높이는 몇[m] 미만이어야 하는가?

정답

1) 정온식 스포트형 감지기(2종) : 4[m] 미만
2) 연기감지기(광전식 1종) : 20[m] 미만

12.

다음 그림과 같이 회로에 상시감시전류를 흘리려면 말단에 종단저항을 설치하는데 그 이유는 무엇인가?

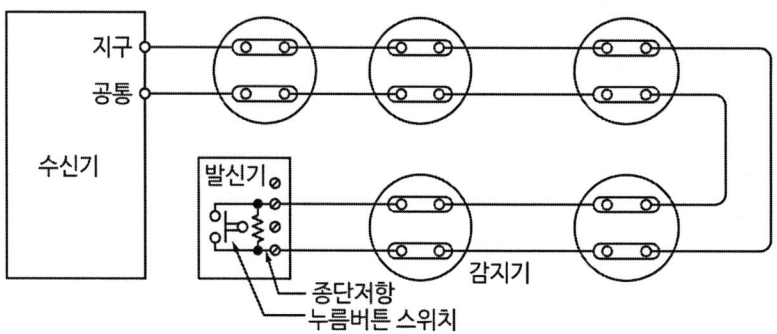

정답

감지기 회로의 도통시험을 용이하게 하기 위하여 설치한다.

아우름[AURUM]

아우름 전기기능장 필답형 실기

PART 08
신재생에너지

CHAPTER 01 분산형 전원의 종류

1. 분산형 전원의 종류별 특징

에너지원	분산형 전원 종류	특징	계통연계
연료 에너지	연료전지	전기적 화학반응 이용, 친환경적	인버터 필요
	디젤 및 가스엔진	내연기관 발전, 오염물질 발생	교류발전기
	열병합발전	가스터빈·증기터빈으로 전기와 열 생산	교류발전기
	마이크로 가스터빈	소형가스터빈으로 전기와 열 생산	교류발전기, 인버터
자연 에너지	태양광	태양 빛의 광기전력효과 이용	인버터
	풍력발전	공기운동 → 기계적에너지 → 전기적에너지	교류발전기, 인버터
	조력발전	바다의 조수간만 차를 이용한 발전	터빈 발전기
	조류발전	바다·강에서 발생하는 급류를 이용한 발전	수차 발전기
기타	양수발전	주야간 잉여전력으로 인공저수지로 물을 올려 보냈다가, 필요시 낙차를 이용한 발전	교류발전기
	바이오발전	유기성물질(유채, 콩, 곡식, 음식쓰레기)에서 바이오디젤·알콜, 가스 등을 생산하는 것	별도의 발전 필요

CHAPTER 02 태양광 발전

1. 태양광의 시스템 구성

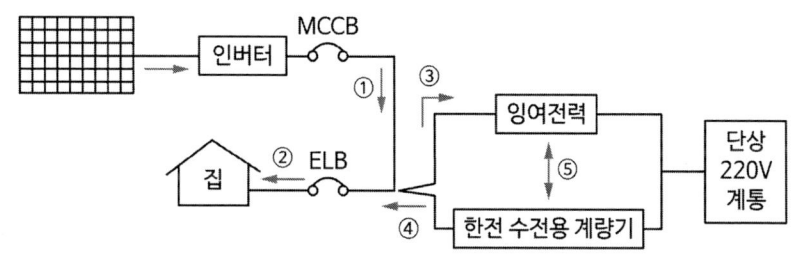

[그림] 주택형 태양광발전 시스템

2. 시스템 구성별 특징

1) 태양전지(Solar Cell)

반도체 소자로 빛을 전기로 바꾸는 기능을 수행한다.

2) 태양전지 모듈(Solar Cell Module)

태양전지 여러 개를 직렬로 연결하여 일정전압 이상을 얻도록 하는 것이 태양전지 모듈이다.

3) 인버터

태양전지의 직류출력을 상용전압과 주파수의 교류로 변환하는 것을 말한다.

4) 전력변환 장치

인버터 부분과, 전력제어 부분으로 구성되어 태양광 발전 시스템이 최적화 된 상태로 운전될 수 있도록 전기적인 감시나 보호기능으로 수행하는 장치이다.

5) 축전지

일몰 후나 우천 시에 사용할 수 있도록 직류전원을 저장한다.

3. 어레이(Array) 설치방식별 종류

구분	고정식	추적식	가공지지선 방식
형식	어레이를 항시 고정	태양의 위치를 추적	어레이를 지지선에 연결
경제성	초기공사비 저렴	초기공사비 고가	초기공사비 고가
유지관리	눈, 먼지 등에 취약	비교적 용이	비교적 용이
특징	설치가 용이	고가이며, 효율이 높음	가공지지선에 설치

CHAPTER 03 전력 저장 및 계통 연계

1. 전력저장기술의 종류별 특징

1) 양수 발전(PHS : Pumped Hydro power)
상부/하부에 저수지를 두어 상부로 물을 이동 피크 부하 시 낙차를 이용해 발전한다.

2) 압축 공기 저장 발전(CAES : Compressed Air Energy Storage)
① 심야시간 잉여전력을 활용 압축공기 저장(지하공동/폐광)
② 수요 증가 시 고압공기를 일정하게 배출 → 연료에 혼합하여 가스터빈을 돌림
③ 연료 소비량을 40~50% 절감

3) 이차전지(Battery)
전기 화학적으로 에너지를 저장한다(화학적 에너지와 전기 에너지의 가역적 변환).

4) 플라이 휠(Fly-Wheel)
회전체의 운동에너지(관성)로 변환하여 필요시 회생 사용이 가능하다.

5) 초전도 자기 에너지 저장(SMES : Superconducting Magnetic Energy Storage)
초전도 코일에(마그네트) 전력을 자기 에너지 형태로 저장하는 것을 말한다.

6) 초 고용량 캐패시터(Super Capacitor or Ultra Capacitor)
캐패시터를 여러 개 직병렬로 연결하여 순간적으로 에너지를 저장해 순간적·연속적으로 공급이 가능한 것을 말한다(전기 이중층 캐패시터 등).

2. 에너지 저장 장치의 활용(ESS : Energy Storage System)

1) 주파수 조정 : 주파수 추종 운전. 발전기 출력 조정
2) 예비력 확보 : 수요 불균형 해소(예비전력 확보)
3) 전압조정(Voltage Regulation), 무효전력(Reactive Power) 공급
4) 피크 조정 및 부하 평준화

3. 분산형 전원의 계통 연계 동기화(분산형 전원 배전계통 연계 기술기준 제8조)

분산형 전원 정격용량 합계(kW)	주파수 차 ($\triangle f$, Hz)	전압 차 ($\triangle V$, %)	위상각 차 ($\triangle \phi$, °)
0 ~ 500	0.3	10	20
500 초과 ~ 1,500	0.2	5	15
1,500 초과 ~ 20,000 미만	0.1	3	10

4. 이상 시 분산형 전원 분리(분산형 전원 배전계통 연계 기술기준 제13조)

1) 비정상 전압에 대한 분산형 전원 분리시간

전압 범위 (기준전압에 대한 백분율[%])	분리시간[초]
V < 50	0.5
50 ≦ V < 70	2.00
70 < V < 90	2.00
110 < V < 120	1.00
≧ 120	0.16

2) 비정상 주파수에 대한 분산형 전원 분리시간

분산형 전원 용량	주파수 범위[Hz]	분리시간[초]
용량 무관	f > 61.5	0.16
	f < 57.5	300
	f < 57.0	0.16

5. 분산형 전원 운전지속시간(분산형 전원 배전계통 연계기술기준 제24조)

1) 비정상 전압에 대한 운전지속시간

전압 범위 [%]	운전지속시간[초]
V < 50	0.15
50 ≦ V < 70	0.16
70 < V < 90	1.50
110 < V < 120	0.20
≧ 120	-

2) 비정상 주파수에 대한 운전지속시간

주파수 범위 [Hz]	운전지속시간[초]
f > 61.5	-
f < 57.5	299
f < 57.0	-

CHAPTER 04 핵심 예상 문제

01.

태양광발전시설에 대한 감전방지대책 3가지를 쓰시오.

정답

1) 작업 전에 태양전지모듈 표면에 차광막을 씌어 태양광을 차폐한다.
2) 저압 절연장갑을 착용한다.
3) 절연처리가 된 공구를 사용한다.

02.

다음은 분산형 전원의 배전계통 연계기술기준이다. 아래의 동기화조건에 대하여 빈칸을 채우시오.

분산형 전원 정격용량 합계[kW]	주파수차 ($\triangle f$, Hz)	전압차 ($\triangle V$, %)	위상각 차 ($\triangle \varnothing$, °)
0 ~ 500	0.3		
500 초과 ~ 1500		5	
1,500 초과 ~ 20,000 미만			

정답

분산형 전원 정격용량 합계[kW]	주파수차 ($\triangle f$, Hz)	전압차 ($\triangle V$, %)	위상각 차 ($\triangle \varnothing$, °)
0 ~ 500	0.3	10	20
500 초과 ~ 1500	0.2	5	15
1,500 초과 ~ 20,000 미만	0.1	3	10

아우름 전기기능장 필답형 실기

PART 09
과년도 문제

CHAPTER 01   63회 전기기능장 필답 실기시험 문제해설

01.

고조파 전류에 대한 방지대책을 5가지 쓰시오. (배점 5)

정답

1) 전력변환 장치의 Pulse수를 크게 한다.
2) 고조파 필터를 사용하여 제거한다.
3) 변압기 결선에서 △결선을 채용하여 고조파 순환회로를 구성하여 외부에 고조파가 나타나지 않도록 한다.
4) 전력용 콘덴서에는 직렬 리액터를 설치한다.
5) 선로의 코로나 방지를 위하여 복도체, 다도체를 사용한다.
6) 고조파를 발생하는 기기들을 따로 모아 결선해서 별도의 상위 전원으로부터 전력을 공급하고 여타 기기들로부터 분리시킨다.

02.

다음 주어진 전기공급방식에 대하여 설비불평형률 공식을 쓰시오. (배점 5)

1) 1Φ 3W

2) 3Φ 3W

정답

1) 1Φ 3W(단상 3선식)

$$설비불평형률 = \frac{중성선과\,각\,전압측\,전선간에\,접속되는\,부하설비용량[kVA]의\,차}{총\,부하설비\,용량[kVA]의\,1/2} \times 100[\%]$$

불평형률은 40% 이하이어야 한다.

2) 3Φ 3W(3상 3선식)

$$설비불평형률 = \frac{각\,선간에\,접속되는\,단상부하총\,부하설비용량[kVA]의\,최대와\,최소의차}{총\,부하설비\,용량[kVA]의\,1/3} \times 100[\%]$$

불평형률은 30% 이하이어야 한다.

03.

외부 피뢰설비에서 수뢰부의 배치 중 보호등급별 회전구체 반지름과 메시치수에 대하여 다음 빈칸에 알맞은 내용을 넣으시오. (배점 5)

피뢰시스템 레벨	구체 반경	메시 치수
I	20	
II		10 × 10
III	45	
IV		

정답

[건축물 등의 피뢰설비 설치에 관한 기술지침 4. 외부 피뢰설비]
수뢰부의 배치는 구조물의 형상에 따라 다음 표에 나타낸 보호각, 회전구체, 메시 치수 등을 조합하여 사용할 수 있다.

피뢰시스템 레벨	구체 반경	메시 치수
I	20	5 × 5
II	30	10 × 10
III	45	15 × 15
IV	60	20 × 20

04.

PF가 차단기에 비해 가지는 기능적인 면에 대한 장점 3가지를 쓰시오. (배점 5)

정답

장 점	단 점
• 소형 경량이다. • 가격이 싸다. • 릴레이와 변성기가 필요 없다. • 차단시 무방출 무음(한류형 퓨즈)이다. • 고속도로 차단한다. • 보수가 용이하다.	• 재투입 할 수 없다. (가장 큰 단점) • 과전류에서 용단될 수 있다. • 동작시간- 전류 특성을 계전기처럼 마음대로 조정이 불가능하다. • 최소차단전류 영역이 있다. • 비보호 영역이 있어 사용 중에 열화동작에 의해 결상 우려가 있다.

05.

저압 계통의 접지방식에서 각 그림에 알맞은 접지계통을 쓰시오. (배점 6)

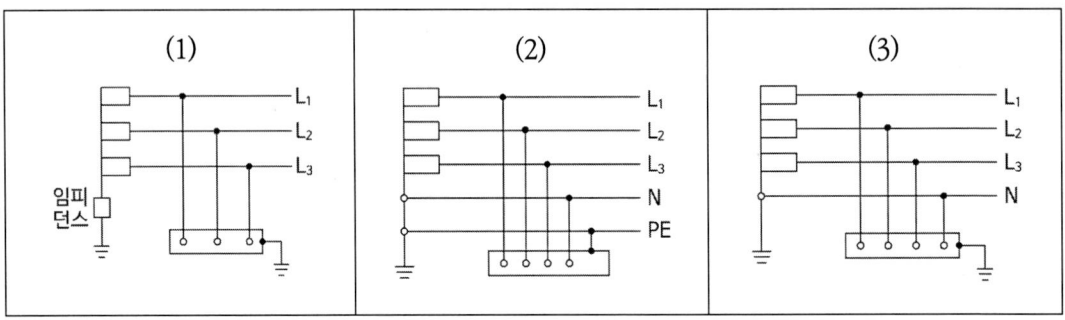

정답

1) IT계통
   전력 계통은 충전부 전체를 대지로부터 절연시키거나 한 점을 임피던스를 통해 대지로 접속시키고 전기설비의 노출 도전성 부분은 단독 혹은 일괄적으로 계통 보호 접지 도체에 접속시킨다.

2) TN계통(TN-S계통)
   계통 전체에 대해 보호도체(PE)와 중성선(N)분리, EMI측면에서 바람직하다.

3) TT계통
   전력 계통의 중성점은 한곳에만 직접 접지하고, 설비의 노출도전부는 전원 계통의 도체와는 전기적으로 독립된 접지도체에 접속시킨다. 이 계통 방식의 지락은 과전류 차단기 또는 누전차단기로 보호한다.

06.

3Φ 3W, 22.9kV/380V, 변압기 용량 500kVA, %Z=5% 저압 배선용 차단기의 차단전류를 구하시오. 단, 임피던스는 무시한다. (2.5kA, 5kA, 10kA, 20kA, 30kA 중에서 선택하시오.) (배점 4)

정답

$$I_S = \frac{100}{\%Z}I_n = \frac{100}{5} \times \frac{500 \times 10^3}{\sqrt{3} \times 380} \times 10^{-3} = 15.19[kA]$$

따라서, 20kA를 선택할 수 있다.

07.

3Φ 3W식 380V 선로가 있다. 선로 길이는 200m, 부하의 COSΘ=0.8, 부하 전류는 250A일 때 부하측 전압강하를 구하시오. (단, 케이블 온도 20℃, 직류도체저항 0.139Ω/km, 온도계수 1.2731, 표피효과계수 1.005, 근접효과계수 1.004, X는 무시) (배점 5)

정답

전압강하 $e = \sqrt{3}\,IR\cos\theta$

여기서, 저항 R(교류도체 실효저항) = 직류도체저항 × k_1(저항온도계수)
 × k_2(교류저항과 직류저항의 비)

$k_1 = 1.2731$
$k_2 = 1 + $ 표피효과계수 $+$ 근접효과계수 $= 1 + 1.005 + 1.004 = 3.009$
$R = 0.139 \times \dfrac{200}{1000} \times 1.2731 \times 3.009 = 0.1065\,\Omega$

따라서, 전압강하 $e = \sqrt{3}\,IR\cos\theta = \sqrt{3} \times 250 \times 0.1065 \times 0.8 = 36.89\,V$

08.

전력계통에 일반적으로 사용되는 리액터에는 병렬리액터, 한류리액터, 직렬리액터 및 소호리액터 등이 있다. 이들 리액터의 설치목적을 쓰시오. (배점 4)

1) 분로(병렬) 리액터

2) 직렬 리액터

3) 소호 리액터

4) 한류 리액터

정답

1) 분로 리액터 : 페란티 현상 방지
2) 직렬 리액터 : 제 5고조파의 제거
3) 소호 리액터 : 지락전류의 제한
4) 한류 리액터 : 단락전류의 제한

09.

분산형 전원의 계통 연계 또는 가압된 구내 계통의 가압된 한전계통에 대한 연계에 대하여 병렬연계장치의 투입순간에 모든 동기화 변수들이 제시된 제한범위 내에 있어야 한다. 아래 동기화 제한 범위에 대하여 빈칸을 채우시오. (배점 6)

분산형 전원 정격용량 합계[kW]	주파수차(△f, Hz)	전압차(△V, %)	위상차(△Φ, °)
0 ~ 500	0.3		
500 초과 ~ 1,500		5	
1,500 초과 ~ 20,000 미만			

정답

[분산형 전원 배전계통 연계 기술기준 9조] 참고

분산형 전원 정격용량 합계[kW]	주파수차(△f, Hz)	전압차(△V, %)	위상차(△Φ, °)
0 ~ 500	0.3	10	20
500 초과 ~ 1,500	0.2	5	15
1,500 초과 ~ 20,000 미만	0.1	3	10

10.

3Φ4W식의 선로에서 선전류가 39A, 3고조파 성분이 40%일 때 중성선 전류를 선정하고 아래 표를 참고하여 전선의 굵기를 선택하시오. (배점 5)

전선 굵기[mm²]	전류 [A]
6	41
10	87
16	76

> [정답]

① 중성선의 전류 : $I = 3K_m I_1 = 3 \times (39 \times 0.4) = 46.8A$

② 전선의 굵기 : 10㎟

참고 D.52-1 심 및 심 케이블 고조파 전류의 보정계수

상전류의 제3고조파 성분 [%]	저감계수	
	굵기 선정은 상전류를 기초로 한다.	굵기 선정은 중성선 전류를 기초로 한다.
0 ~ 15	1.0	-
15 ~ 33	0.86	-
33 ~ 45	-	0.86
〉45	-	*1.0

※ 만약 중성전류가 상전류의 135% 이상이며 케이블의 굵기가 중성전류를 기반으로 선정되면, 3상 도체는 완전히 포화되지 않을 것이다. 상도체에 의한 발열의 감소가 중성선 도체에 의한 발열로 상쇄되는 한 이는 3상 부하도체의 허용전류에 관한 어떠한 저감계수고 적용할 필요가 없다.

주1) 3고조파 함유량이 20%이면 저감계수 0.86을 적용하며, 설계부하는 37/0.86=43A로 되어 10㎟ 케이블이 필요하다.

주2) 제3고조파 함유량이 40%이면 케이블 용량의 선정은 37×0.4×3=44.4A의 중성선 전류를 기초로 한다. 저감계수로 0.8을 적용하면 설계 부하전류는 44.4/0.86=51.6A로 되어 10㎟ 케이블을 적용해야한다.

주3) 제3고조파 함유량이 50%이면 케이블 용량은 37×0.5×3=55.5A의 중성선 전류를 기초로 하여 선정한다. 이 경우 저감계수는 1이며, 16㎟ 케이블이 필요하다. 이 경우에 특수보호장치에서는 상도체에 대하여 6㎟ 케이블을, 중성선에 대하여 10㎟ 케이블을 사용하는 것을 허용한다.

CHAPTER 02　64회 전기기능장 필답 실기시험 문제해설

01.

동기발전기의 병렬운전조건 3가지를 쓰시오. (배점 5)

정답

1) 기전력의 크기가 같을 것
2) 기전력의 주파수가 같을 것
3) 기전력의 위상이 같을 것
4) 기전력의 파형이 같을 것

02.

다음 그림은 22.9[kV-Y] 1000[kVA] 이하를 시설하는 간이수전설비의 결선도이다. 다음의 각 물음에 답하시오. (배점 5)

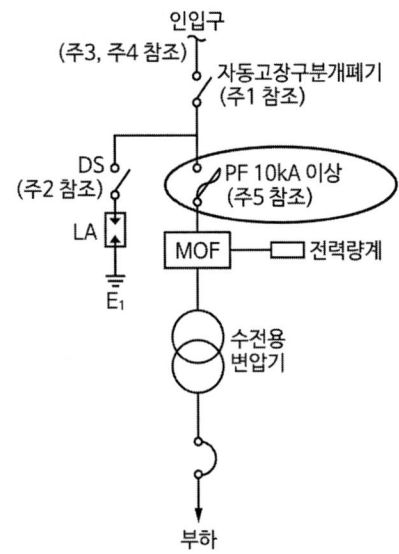

1) 인입선으로 지중선으로 하는 경우로 공동주택 등 고장 시 정전피해가 큰 경우는 예비 지중선을 포함하여 몇 회선으로 시설하는 것이 바람직한가?

2) 전력구·공동구·덕트·건물구내 등 화재의 우려가 있는 장소에서는 어떤 케이블을 사용하여 시설하는 것이 바람직한가?

3) LA용 DS는 생략할 수 있으며 22.9[kV-Y]용의 LA는 어떤 타입을 사용하여야 하는가?

4) ASS의 명칭을 쓰시오.

5) PF의 사용 목적은 무엇인가?

정답

1) 2회선
2) FR CNCO-W(난연)케이블
3) Disconnector 또는 Isolator 붙임형
4) 자동고장구분개폐기
5) ① 선로의 단락사고 보호
   ② 간이 수전설비에서는 CB 대신 차단 역할

03.

부하 설비 및 수용률이 그림과 같은 경우 이곳에 공급할 변압기 Tr의 용량을 계산하여 표준용량으로 결정하시오. 단, 부등률은 1.2 종합 역률은 80% 이하로 한다. (배점 5)

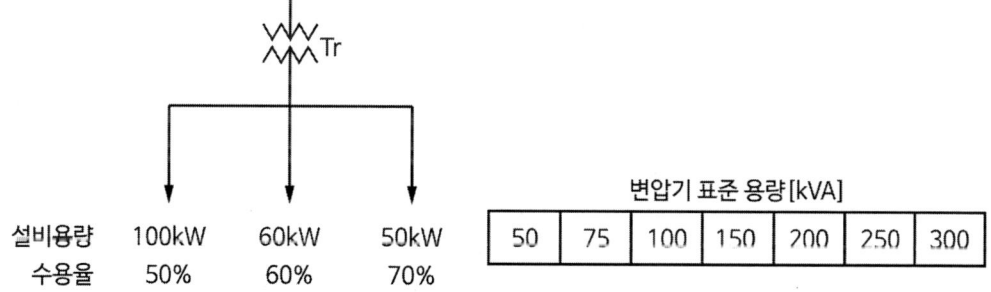

정답

변압기 용량 $= \dfrac{100 \times 0.5 + 60 \times 0.6 + 50 \times 0.7}{1.2 \times 0.8} = 126.04[kVA]$

표준용량 150kVA 선정

04.

다음 주어진 내용에 대하여 옳고 그름을 따져 O, X로 대답하시오. (배점 5)

번호	내 용	O, X 표기
1	애자 사용공사 시 이격거리는 6cm 이상이다.	
2	방폭구조설비 공사는 합성수지관 공사로 한다.	
3	콘크리트 매설 시 금속관 두께는 1.2㎜ 이상이다.	
4	점검할 수 없는 장소에 케이블공사, 금속관공사, 가요전선관 공사를 한다.	

> 정답

번호	내 용	O, X 표기
1	애자 사용공사 시 이격거리는 6cm 이상이다.	O
2	방폭구조설비 공사는 합성수지관 공사로 한다.	X
3	콘크리트 매설 시 금속관 두께는 1.2㎜ 이상이다.	O
4	점검할 수 없는 장소에 케이블공사, 금속관공사, 가요전선관 공사를 한다.	X

05.

수전용량 1500kW, 22.9kV 수전설비의 보호방식이다. 다음 물음에 답하시오. (배점 4)

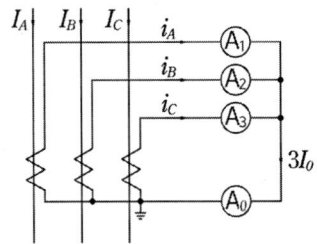

(단, CT비 50/5[A]의 변류기를 통하여 과부하계전기를 시설하였고 150[%]의 과부하에서 차단기를 동작하며, 유도형 OCR(과전류 계전기)의 탭 전류는 3[A], 4[A], 5[A], 6[A], 8[A]이다.)

1) 영상전류 검출방법 중 무슨 방법인가?

2) A_1 계전기의 종류는?

3) A_0 계전기의 설치 목적은 무엇인가?

4) A_1 계전기의 전류 탭 값을 구하시오

> [정답]

1) Y결선 잔류회로 방식
2) OCR
3) 영상전류의 검출
4) 계산 : $I_t = \dfrac{1500}{\sqrt{3} \times 22.9} \times \dfrac{5}{50} \times 1.5 = 5.67 A$

   답 : 6A

06.

수용가 인입구의 전압이 22.9kV, 주차단기의 차단용량이 250MVA이다. 10MVA, 22.9/3.3kV 변압기의 임피던스가 5.5%일 때 변압기 2차 측에 필요한 차단기 용량을 다음 표에서 선정하시오. (배점 4)

차단기 정격용량 [MVA]

10, 20, 30, 50, 75, 100, 150, 250, 300, 400, 500, 750, 1,000

> [정답]

1) 계산

   ① 전원 측 %임피던스 10 MVA 기준

   $\%Z_S = \dfrac{10}{250} \times 10 = 4\%$

   ② 차단기 용량

   단락용량 $P_S = \dfrac{100}{\%Z} \times P_n = \dfrac{100}{4+5.5} \times 10 = 105.26 \, [MVA]$

   여기서, 차단용량은 단락용량보다 커야 하므로 한 단계 높은 150 MVA를 선정

2) 답

   150 [MVA]

07.

접지에 대한 각 물음에 대하여 답하시오. (배점 6)

1) 중성점(N)과 보호접지(PE)가 변압기나 발전기 근처에서만 서로 연결되어 있고 전 구간에서 분리된 방식을 무엇이라고 하는가?

2) 다음 괄호 안에 들어갈 알맞은 말은?

> (①)공사를 한 경우는 과전압으로부터 전기설비들을 보호하기 위하여 서지보호장치를 설치하여야 한다.

3) 서지보호장치의 영문 약호는 무엇인가?

정답

1) TN-S
2) 통합접지
3) SPD

08.

태양광발전시설에 대한 감전방지대책 3가지를 쓰시오. (배점 6)

정답

1) 작업 전 태양전지 모듈 표면에 차광막을 씌워 태양광을 차폐한다.
2) 저압 절연장갑을 착용한다.
3) 절연처리가 된 공구를 사용한다.
4) 강우 시에는 작업하지 않는다.

09.

제1종 또는 제2종 접지공사에 사용하는 접지선을 사람이 접촉할 우려가 있는 경우는 다음과 같이 시설한다. 다음 각 물음에 답하시오. (배점 6)

1) 접지극은 지하 (①) 이상의 깊이에 매설하되 (②)를 감안하여 매설할 것

2) 접지선을 철주 기타 금속체를 따라서 시설하는 경우에는 접지극을 철주의 밑면으로부터 (③)이상 깊이에 매설하는 경우 이외에는 접지극을 지중에서 그 금속체로부터 (④) 이상 떼어 매설할 것

3) 접지선은 지하 (⑤)부터 지표상 (⑥)까지의 부분은 합성수지관 등으로 덮을 것(단, 두께 2㎜ 미만의 합성수지제 전선관 및 콤바인 덕트관 제외)

> 정답

① 75cm   ② 동결깊이
③ 30cm   ④ 1m
⑤ 75cm   ⑥ 2m

10.

지표상 15m 높이의 수조가 있다. 이 수조에 10㎥/min 물을 양수하는데 필요한 펌프용 전동기의 소요동력은 몇 kW인가? (단, 펌프의 효율은 65%로 하고, 15%의 여유율을 둔다.) (배점 4)

> 정답

1) 풀이
$$P = \frac{KQH}{6.12\eta} = \frac{1.15 \times 10 \times 15}{6.12 \times 0.65} = 43.36[kW]$$

2) 답
43.36[kW]

CHAPTER 03 65회 전기기능장 필답 실기시험 문제해설

01.

다음 물음에 답하시오. (배점 6)

1) 스트레스 전압의 정의를 쓰시오.

2) 다음 빈칸에 답하시오.

고압계통에서 지락고장시간 (초)	저압설비의 허용 상용주파 과전압 (V)
> 5	U_0 + (①)
≤ 5	U_0 + (②)
중성선 도체가 없는 계통에서 U_0는 선간 전압을 말한다.	

정답

1) 고압계통의 지락 사고로 인하여 수용가 설비의 저압 기기에 가해지는 전압

> **용어의 정의(KEC)**
> "스트레스 전압(Stress Voltage)"이란 지락고장 중에 접지부분 또는 기기나 장치의 외함과 기기나 장치의 다른 부분 사이에 나타나는 전압을 말한다.

2) ① 250   ② 1,200

02.

다음 600/5 [A] CT를 사용하여 2차 측을 측정한 결과. 4.9[A]가 측정되었다. 이때 비오차를 계산하시오. (배점 5)

※ 비오차 (Ratio Error) : 실제의 변류비가 공칭 변류비와 얼마만큼 다른가를 나타내는 것
  비오차 = [(공칭변류비 − 실제 변류비) / 실제 변류비] × 100

정답

1) 계산

$$\frac{\frac{600}{5}-\frac{600}{4.9}}{\frac{600}{4.9}}\times 100 = \frac{120-122.45}{122.45} = -2$$

2) 답
   -2 [%]

03.

다음 그림을 보고 답하시오. (배점 4)

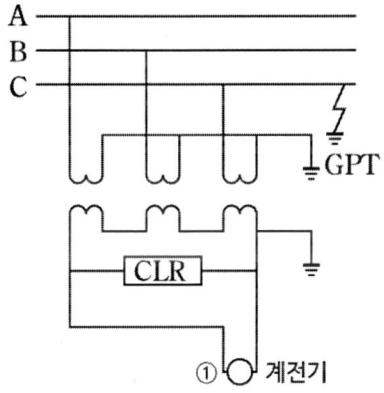

1) CLR의 목적을 2가지 쓰시오.

2) ① 번의 기기의 명칭을 쓰고 사용 목적을 쓰시오.

정답

1) CLR의 목적
   ① 지락전류 제한
   ② 계전기에 유효전류 공급
   ③ 3고조파 억제 및 계통의 안정화

2) 명칭과 사용 목적
   ① 명칭 : OVGR(지락 과전압계전기)
   ② 목적 : 영상전압을 검출하여 기기 보호

04.

피뢰기 시설해야 하는 장소 4곳을 쓰시오. (배점 4)

정답

1) 발전소, 변전소의 가공전선 인입구 및 인출구
2) 가공전선로에 접속하는 배전용 변압기의 고압 측 및 특고압 측
3) 고압 및 특고압 가공전선로로부터 공급을 받는 수용가의 인입구
4) 가공 전선로와 지중 전선로가 접속되는 곳

05.

다음 (   )에 들어갈 말을 쓰시오. (배점 6)

> 정격 출력이 수전용 변압기용량(KVA)의 (①)을 초과하는 3상유도전동기 (2대 이상을 동시에 기동하는 것은 그 합계출력)는 기동장치를 사용하여 기동전류를 억제하여야 한다. 다만, 기동장치의 설치가 기술적으로 곤란한 경우로 다른 것에 지장을 초래하지 않도록 하는 경우는 적용하지 않는다.
>
> 유도전동기의 기동장치 중 Y-△기동기를 사용하는 경우는 기동기와 전동기간의 배선은 해당 전동기 분기회로 배선의 (②) 이상의 허용전류를 가지는 전선을 사용하여야 한다.

정답

① 1/10
② 60%

> **3120-2 3상 유도전동기의 기동장치**
> 1. 정격출력이 수전용변압기용량(kVA)의 1/10을 초과하는 3상유도전동기(2대 이상을 동시에 기동하는 것은 그 합계출력)는 기동장치를 사용하여 기동전류를 억제하여야 한다. 다만, 기동장치의 설치가 기술적으로 곤란한 경우로 다른 것에 지장을 초래하지 않도록 하는 경우는 적용하지 않는다.
> 2. 전항의 기동장치 중 Y-△기동기를 사용하는 경우는 기동기와 전동기간의 배선은 해당 전동기 분기회로 배선의 60% 이상의 허용전류를 가지는 전선을 사용하여야 한다.
> 주) 펌프용 전동기 등 자동운전을 행하는 전동기에 사용하는 전자식 Y-△기동장치는 2차 측 전자개폐기부 등으로 하여 전동기 사용정지 중에는 전동기 권선에 전압이 가하여지지 않는 것과 같은 조치를 강구하는 것으로 한다.

06.

다음 그림은 A형 지선을 이용한 10m 콘크리트전주의 공사를 나타낸 것이다. 다음 물음에 답하시오. (배점 6)

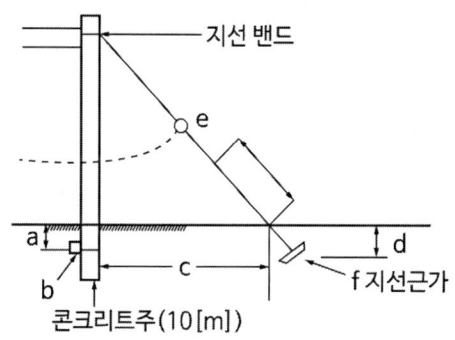

1) a의 길이와 b의 이름을 적으시오.

2) c의 간격을 계산하시오.

3) d의 깊이는 최소 몇 m 이상인가?

4) e는 무엇인가?

5) 콘크리트주 전체길이가 10m인 경우 근입 깊이는 최소 몇 m 인가?

> 정답

1) a) 0.5m   b) 근가
2) 계산방법

   전주의높이 $\times \dfrac{1}{2} = 10 \times \dfrac{1}{2} = 5$

   답 : 5m

3) 1.5m

4) 지선애자

5) 계산방법

   $10 \times \dfrac{1}{6} = 1.67$

   답 : 1.67m

07.

200AT의 간선을 95㎟ 접지선을 16㎟로 선정하였다. 그런데 전압강하 등의 원인으로 간선규격을 120㎟로 굵게 선정하였을 경우 접지선의 굵기는 몇으로 해야 하는가? (배점 5)

접지선의 굵기 (㎟)					
6	16	25	35	55	~

정답

1) 계산

　비례식으로 풀이 95 : 16 = 120 : X,　　$X = \dfrac{16 \times 120}{95} = 20.21$

2) 답

　주어진 표에서 25㎟ 선정

[참고]
전압강하 등의 사유로 간선규격을 상위규격으로 선정할 경우 이에 비례하여 접지선의 규격도 상위 규격으로 선정하여야 한다.
예) '정상적으로는 간선의 규격이 95 ㎟이고 차단장치의 정격이 200 AT인 경우 표에 의해 접지선 규격을 16 ㎟로 선정할 수 있으나 전압강하 등의 원인으로 간선규격을 120 ㎟로 굵게 선정 하였다고 가정하연 120 ÷ 95= 1.27 즉 27% 만큼 굵어진 셈이 된다. 그러므로 접지선도 16 × 1.27 = 20.32 ㎟가 되어 25 ㎟로 굵어져야 한다.

08.

전선관 수용율 문제이다. 다음 (　)에 답을 하시오. (배점 4)

(1) 굵기가 같은 절연전선을 동일관내에 넣을 경우 관의 굵기는 전선의 피복절연물을 포함한 단면적의 총합계가 관내 단면적의 (　①　) 이하가 되도록 선정하여야 한다.

(2) 굵기가 다른 절연전선을 동일관내에 넣을 경우 관의 굵기는 전선의 피복절연물을 포함한 단면적의 총합계가 관내 단면적의 (　②　) 이하가 되도록 선정하여야 한다.

정답

① 48%
② 32%

2225-5 관의 굵기 선정

1. 동일 굵기의 절연전선을 동일 관내에 넣는 경우의 금속관은 표 2225-2부터 표 2225-4 까지에 따라 선정하여야 한다.
2. 관의 굴곡이 적어 쉽게 전선을 끌어낼 수 있는 경우는 항의 규정에 관계없이 동일 기로 단면적 10㎟ 이하는 표 2225-5, 기타의 경우는 표 2225 부터 표 2225 까지에 의하여 전선의 피복절연물을 포함한 단면적의 총합계가 관내 단면적의 48 % 이하가 되도록 할 수 있다.
3. 굵기가 다른 절연전선을 동일 관내에 넣는 경우의 금속관의 굵기는 표 2225-6부터 표 2225-9 까지에 따라 전선의 피복절연물을 포함한 단면적의 총합계가 관내단면적의 32 % 이하가 되도록 선정하야 한다.

09.

수변전실에서 고장 전류 계산목적 3가지를 쓰시오. (배점 6)

정답

1) 차단기 차단용량 결정
2) 전력기기의 기계적 강도 및 정격 결정
3) 보호계전기 세팅에 사용
4) 통신선 유도장해 검토

10.

축전지에 관한 내용이다. (   )에 알맞은 내용을 쓰시오. (배점 4)

(①)V를 초과하는 축전지는 비접지 측 도체에 쉽게 차단할 수 있는 곳에 (②)를(을) 시설하여야 한다. 옥내 전로에 연계되는 축전지는 비접지 측 도체에 (③)를(을) 시설하여야 한다. 축전지실 등은 폭발성의 가스가 축적되지 않도록 (④) 등을 시설하여야 한다.

정답

① 30
② 개폐기
③ 과전류차단장치
④ 환기장치

> **[참고] 전기설비 기술기준의 판단기준 294조(축전지실 등의 시설)**
> ① 30 V를 초과하는 축전지는 비접지측 도체에 쉽게 차단할 수 있는 곳에 개폐기를 시설하여야 한다.
> ② 옥내전로에 연계되는 축전지는 비접지측 도체에 과전류보호장치를 시설하여야 한다.
> ③ 축전지실 등은 폭발성의 가스가 축적되지 않도록 환기장치 등을 시설하여야 한다.

CHAPTER 04 66회 전기기능장 필답 실기시험 문제해설

01.

전기안전관리자 직무에 관한 내용 5가지를 쓰시오. (배점 5)
(전기안전관리자의 직무 범위에 대해 작성하시오.)

정답

1) 전기안전관리법 이행
2) 전기사용 안전에 대한 책임
3) 정기적인 전기기기, 기구 점검
4) 전기기기, 기구 유지보수
5) 전기안전관리에 대한 교육 이수

> **[참고] 전기사업법 시행규칙 제 44조 (전기안전관리자의 자격 및 직무)**
> 1) 전기설비의 공사, 유지 및 운용에 관한 업무 및 이에 종사하는 자에 대한 안전교육
> 2) 전기설비의 안전관리를 위한 확인, 점검 및 이에 대한 업무의 책임
> 3) 전기설비의 운전, 조작 또는 이에 대한 업무의 감독
> 4) 전기설비의 안전관리에 관한 기록의 작성, 보존 및 비치
> 5) 공사계획의 인가신청 또는 신고에 필요한 서류의 검토
> 6) 비상용 예비발전설비의 설치, 변경공사로서 총공사비가 1억 원 미만인 공사, 전기수용설비의 증설 또는 변경공사로서 총공사비가 5천만 원 미만인 공사의 감리업무
> 7) 전기설비의 일상점검, 정기점검, 정밀점검의 절차, 방법 및 기준에 대한 안전관리규정의 작성
> 8) 전기재해의 발생을 예방하거나 그 피해를 줄이기 위하여 필요한 응급조치

02.

다음 반가산기에 대한 논리기호이다. 다음 물음에 답하시오. (배점 5)

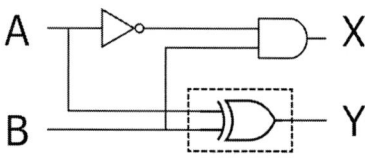

1) 논리식을 작성하시오.
2) 점선 네모 안에 들어간 기호의 논리도를 그리시오.
   (AND, OR, NOT 게이트를 사용하여 그리시오.)
3) 유접점 회로도로 나타내시오.

정답

1) $X = \overline{A} \times B = \overline{A}B$
   $Y = A \oplus B = A\overline{B} + \overline{A}B$

2)
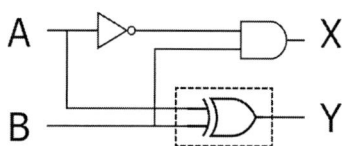

3)
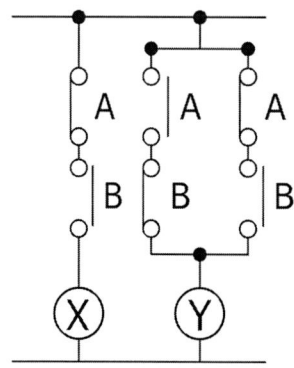

03.

비접지 전력계통에 지락 사고 발생 시 CLR을 이용한다. 다음 물음에 답하시오. (배점 5)

1) CLR 설치 위치를 쓰시오.

2) CLR의 목적을 3가지 쓰시오.

정답

1) GPT 3차권선의 오픈델타에서 SGR과 병렬로 결선하는 곳에 설치한다.
2) ① SGR을 작동시키는데 필요한 유효전류를 발생시키기 위해서 사용한다.
   ② 제3고조파 전압의 발생을 억제 또는 이상전위 진동을 억제하기 위해 사용한다.
   ③ 중성점 불안전 현상을 제어하기 위해 사용한다.

04.

전력케이블 손실에 대해 3가지 쓰시오. (배점 5)

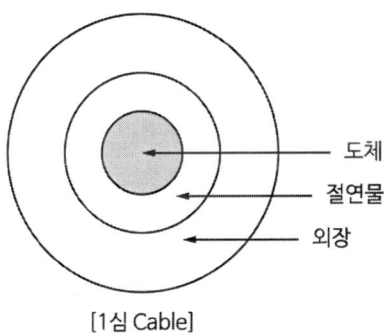

[1심 Cable]

정답

1) 저항손(도체)
   케이블에서의 전력손실의 주체를 이루는 손실
   $P_c = I^2 R$

2) 유전체손 (절연물)
   절연물을 전극간에 끼우고 교류전압을 대한 손실
   $P_d = wCE^2 \cdot \tan\delta$

3) 연피손(외장)
   케이블에 교류를 흘리면 도체 회로로부터의 시스에 유기되고 와전류가 흐르게 되어 발생하는 손실

05.

접지극 저항을 줄이게 하는 방법 3가지를 쓰시오. (배점 5)

정답

1) 접지봉의 길이를 길게 한다.
2) 접지극을 여러 개를 병렬로 접속한다.
3) 접지봉 매설 깊이를 깊게 한다.
4) 접지저항 저감제를 사용한다.

06.

금속 덕트에 넣는 전선 단면적에 대한 물음이다. 다음 ( )에 알맞은 답을 쓰시오. (배점 5)

> 금속 덕트에 넣는 전선의 단면적 총합은 금속 덕트의 내부 단면적 (①)% 이하로 한다. 그러나 표시 등 및 제어 회로 등의 배선만을 금속 덕트에 넣는 경우는 (②)% 이하로 할 수 있습니다.

정답

① 20
② 50

> **[참고] 전기설비 기술기준의 판단기준 제187조**
> **1항**
> 금속 덕트 공사에 의한 저압 옥내 배선은 다음 각호에 의하여 시설하여야 한다.
> - 전선은 절연 전선(옥외용 비닐 절연 전선을 제외한다)일 것
> - 금속 덕트에 넣는 전선의 단면적 (절연 피복의 단면적을 포함한다)의 합계는 덕트의 내부 단면외 20%(전광표시장치·출퇴 표시등 기타 이와 유사한 장치 또는 제어 회로등의 배선만을 넣는 경우에는 50%)이하일 것
> - 금속 덕트 안에는 전선에 접촉점이 없도록 할 것
>   다만, 전선을 분기하는 경우에 그 접속점을 쉽게 점검할 수 있는 때에는 그러하지 아니하다.
> - 금속 덕트 안의 전선을 외부로 인출하는 부분은 금속 덕트의 관통 부분에서 전선이 손상될 우려가 없도록 시설할 것
> - 금속 덕트 안에는 전선의 피복을 손상할 우려가 있는 것을 넣지 아니할 것

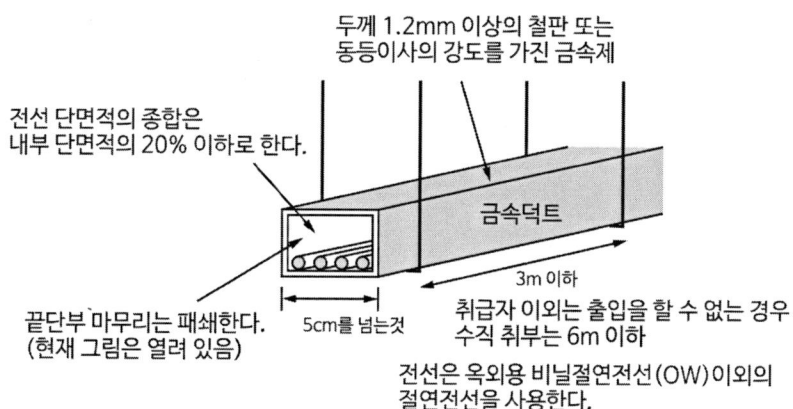

2항

금속 덕트 공사에 사용하는 금속 덕트는 다음 각호에 적합한 것이어야 한다.
- 폭이 5cm를 넘고 또한 두께가 1.2mm 이상인 철판 또는 동등 이상의 세기를 가지는 금속재의 것으로 견고하게 제작한 것

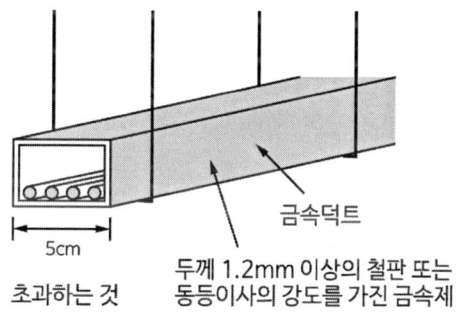

- 내면은 전선의 피복을 손상시키는 돌기가 없는 것일 것
- 내면 및 외면에는 산화 방지를 위하여 아연도금 또는 이와 동등 이상의 효과를 가지는 도장을 한 것일 것

3항

제2항의 금속 덕트는 다음 각호에 의하여 시설하여야 한다.
- 덕트 상호간은 견고하고 또한 전기적으로 완전하게 접속할 것
- 덕트를 조영재에 붙이는 경우에는 덕트의 지지점간의 거리를 3m (취급자 이외의 자가 출입 할 수 없도록 설비한 곳에서 수직으로 붙이는 경우에는 6m) 이하로 하고 또한 견고하게 붙일 것
- 덕트의 뚜껑은 쉽게 열리지 아니하도록 시설할 것
- 덕트의 끝부분은 막을 것
- 덕트의 내부에 먼지가 침입하지 아니하도록 힐 것
- 덕트는 물이 고이는 낮은 부분을 만들지 않도록 시설할 것
- 저압 옥내 배선의 사용 전압이 400V 미만인 경우에는 덕트에 제3종 접지공사를 할 것
- 저압 옥내 배선의 사용 전압이 400V 이상인 경우에는 덕트에 특별 제3종 접지공사를 할 것 다만, 사람이 접촉할 우려가 없도록 시설하는 경우에는 제3종 접지 공사에 의할 수 있다.

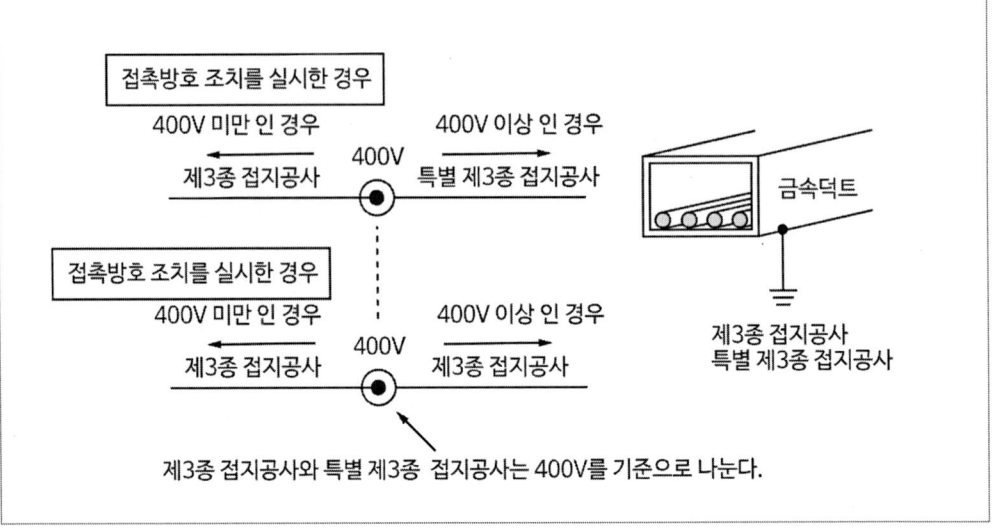

07.

22.9kV 설비 전압과 부하용량이 1,000kW이다. 부하설비의 역률은 90%일 때, MOF CT비, PT비 계산하시오. (배점 5)

정답

1) CT 비

CT 전류 크기 [A]							
5	10	15	20	25	30	35	40

계산과정 : $I = \dfrac{P}{\sqrt{3} \times V \times \cos\theta} = \dfrac{1,000 \times 10^3}{\sqrt{3} \times 22,900 \times 0.9} = 28.01[A]$

답 : 표에서 30/5

2) PT 비

계산과정 :

선간전압으로 하는 경우 $\dfrac{22,900}{190} = 120.53$

상전압으로 기준하는 경우 $\dfrac{13,200}{110} = 120$

답 : 13,200 / 110 또는 22,900 / 190

08.

전기설비의 전력계통과 건축물의 피뢰설비 및 통신설비 등의 접지극을 공용으로 하는 접지방식은 무엇인가? (배점 5)

정답

통합 접지 공사

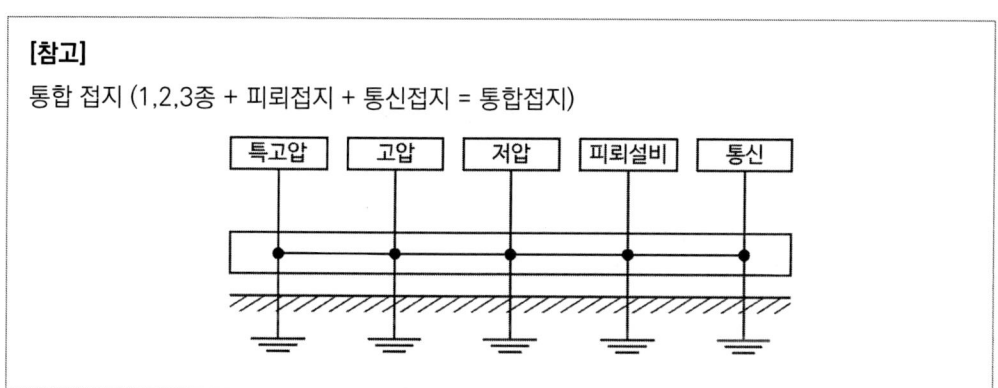

[참고]
통합 접지 (1,2,3종 + 피뢰접지 + 통신접지 = 통합접지)

09.

부하가 급변하는 수전설비에서 전력용 콘덴서를 이용하여 지상 전류를 보상하기 위해 사용한다. 다음 질문에 답하시오. (배점 5)

1) 역률을 과보상시 문제점에 대해 3가지 쓰시오.

2) 진상 역률, 지상 역률에 관해 설명하시오(전압, 전류의 위상을 포함하여 설명할 것).

정답

1) ① 전류 증가에 따라 선로 손실 및 전압이 상승하고 보호계전기의 오동작을 초래할 수 있다.
② 수전설비 용량 이용을 극대화할 수 없다.
③ 콘덴서의 부속기구인 직렬리액터가 과열하게 된다.
④ 조작용 유입개폐기나 차단기의 용량이 커야하고, 주차단기는 진상전류 차단에 대한 문제점 초래

⑤ 고조파 왜곡의 증대
⑥ 전기사용요금의 증가
2) ① 진상역률
용량성 리액턴스에서 전류는 전압보다 위상이 앞서는데, 이는 전류의 위상각이 전압의 위상각보다 크다는 것을 뜻하고, 이때의 역률을 진상역률(Leading) 이라 한다. 진상역률도 지상역률과 마찬가지로 전기설비가 커지는 등의 손실이 증가하게 되며, 전압상승과 고조파가 왜곡이 심해지는 문제가 더해지게 된다.
② 지상역률
유도성 리액턴스에서 전류는 전압보다 위상이 뒤지는데, 이는 전류의 위상각이 전압의 위상각보다 작다는 것을 뜻하며, 이때의 역률을 지상역률(Lagging Power Factor)이라 한다.

10.

역률은 100%인 전력선에 A상에는 200A, B상에는 160A, C상에는 180A의 전류가 흐르고 있다고 할 때, 중성선에 흐르는 전류의 크기는 얼마인가? (배점 5)

정답

1) 계산과정

$I_N = I_A + I_B + I_C$
$= 200 \angle 0° + 160 \angle 120° + 180 \angle 240°$
$= 200(\cos 0° + j\sin 0°) + 160(\cos 120° + j\sin 120°) + 180(\cos 240° + j\sin 240°)$
$= 200(1 + j0) + 160(-0.5 + j0.866) + 180(-0.5 - j0.866)$
$= 200 - 80 - 90 + j138.56 - j155.88$
$= 30 - j17.32$

크기 $\sqrt{(30)^2 + (17.32)^2} = 34.64[A]$

2) 답
34.64[A]

CHAPTER 05   67회 전기기능장 필답 실기시험 문제해설

01.

다음 전로에서 CB1, CB2 차단기의 최소 차단용량은 얼마인지 계산하시오. (배점 6)

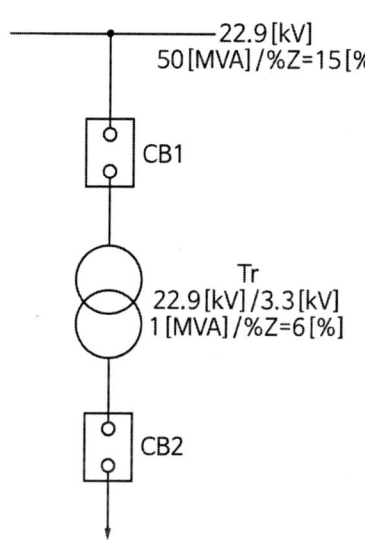

1) CB1의 최소차단용량을 구하시오.
2) CB2의 최소차단용량을 구하시오.

정답

1) 풀이과정 : $P_S = \dfrac{100}{\%Z} \times P_n$
$= \dfrac{100}{15} \times 50 = 333.33\,[MVA]$

답 : 333.33[MVA]

2) 풀이과정 : 1[MVA]를 기준할 때, 전원 측 %Z를 계산하면

$\%Z_{전원측} = \dfrac{1}{50} \times 15 = 0.3\%$

$\%Z_{전원측+부하측} = 0.3 + 6 = 6.3\%$

$P_S = \dfrac{100}{\%Z_{전원측+부하측}} \times P_n = \dfrac{100}{0.3+6} \times 1 = 15.87\,[MVA]$

답 : 15.87[MVA]

02.

다음 무접점 논리회로를 보고 논리식을 작성하고 무접점회로를 그리시오. (배점 5)

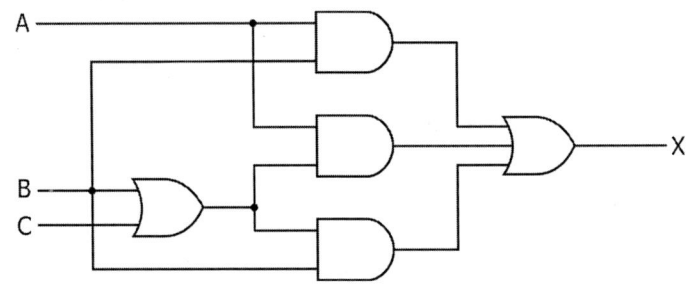

1) 논리식을 간단하게 정리하시오.

2) 위 논리식을 정리하여 무접점 논리회로를 그리시오.

정답

1) 논리식

$$X = A \cdot B + A \cdot (B+C) + (B+C) \cdot B$$
$$= A \cdot B + A \cdot B + A \cdot C + B \cdot B + B \cdot C$$
$$= A \cdot B + B \cdot C + A \cdot C + B$$
$$= B(A+C+1) + A \cdot C$$
$$= B + A \cdot C$$

$$X = B + A \cdot C$$

[참고] 카르노맵을 이용한 풀이

A	B	C	Y
0	0	0	0
0	0	1	1
0	1	0	0
0	1	1	1
1	0	0	0
1	0	1	1
1	1	0	1
1	1	1	1

	$\overline{C}$	C
$\overline{AB}$		1
$A\overline{B}$		1
AB	1	1
$\overline{A}B$		1

2) 무접점 회로

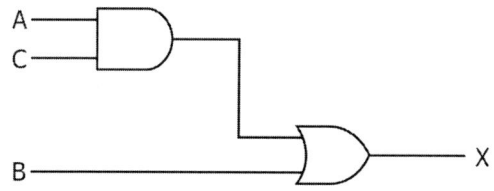

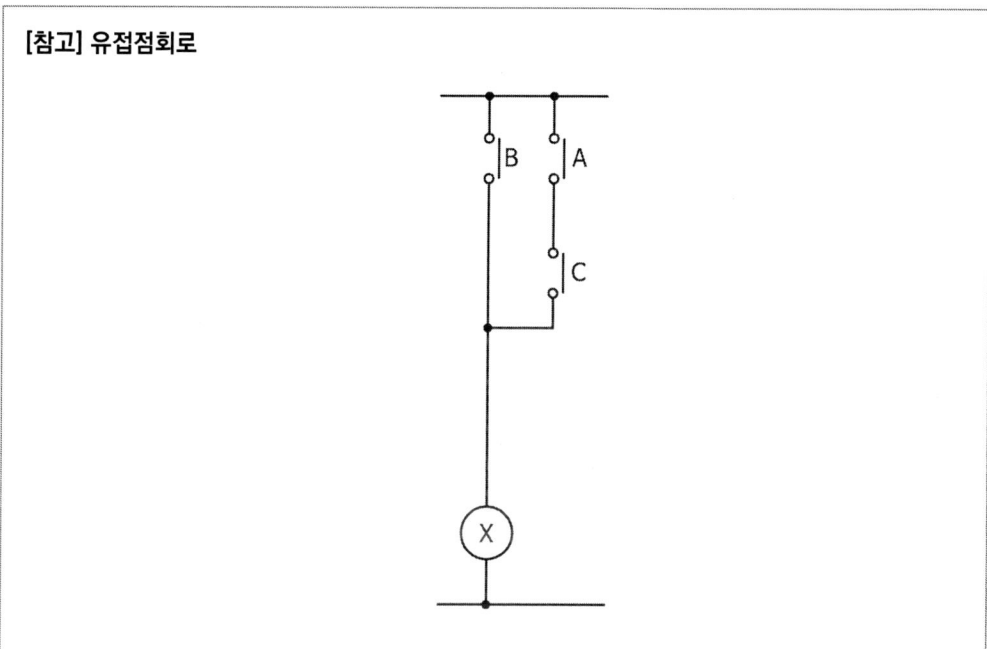

03.

정상적인 상용전원 인입 시에는 인버터 모듈 내의 IGBT 프리휠링 다이오드를 통한 풀브리지 정류방식으로 충전기 기능을 하고 정전 시에는 인버터로 동작하여 출력전원을 공급하는 방식으로 오프라인 방식이지만 일정전압이 자동으로 조정되는 기능을 가진 UPS 동작방식을 무엇이라 하는가? (배점 5)

정답

라인인터랙티브 방식 (Line Interactive)

[참고]
장점 : ① 가장 최신의 기술이며 가장 효율이 높은 방식이다.
　　　② 사용자 편의성이 가장 높다.
　　　③ AVR이 있어 메인 전원이 비교적 불안정한 곳에서도 사용할 수 있다.
　　　④ On-Line에 비해 가격이 저렴하다.

단점 : ① Transfer Time이 존재한다. (4ms)
　　　② 내구성이 OFF-Line보다 떨어진다.
　　　③ Static Bypass가 없으므로 고장 발생시 운전이 중단된다.

04.

전력퓨즈에 관한 내용이다. 다음 물음에 답하시오. (배점 4)

1) 전력퓨즈의 소호 방식은 무엇인지 2가지 쓰시오

2) 전압 0점에서 차단하는 전력퓨즈의 명칭을 쓰시오.

3) 전류 0점에서 차단하는 전력퓨즈의 명칭을 쓰시오.

4) 전력 퓨즈의 설치목적을 쓰시오.

정답

1) 전력퓨즈의 소호 방식은 무엇인지 2가지 쓰시오
　① 한류형
　② 비한류형

2) 전압 0점에서 차단하는 전력퓨즈의 명칭을 쓰시오.
　한류형 전력퓨즈

3) 전류 0점에서 차단하는 전력퓨즈의 명칭을 쓰시오.
　비한류형 전력퓨즈

4) 전력 퓨즈의 설치목적을 쓰시오.
　① 부하전류를 안전하게 통전시키고 단락전류를 차단하여 보통 선로상 후비보호용으로 차단기와 협조하여 동작한다.
　② 부하전류는 안전하게 통전, 단락 전류와 같은 큰 전류는 차단한다.

> **[참고] 전력 퓨즈의 특징**
>
> [장점]
> 1) 소형 경량이다.
> 2) 소형으로서 차단용량이 크다.
> 3) 고속도 차단
> 4) 유지보수가 간단하다.
> 5) 차단 시 무소음, 무방출이다(한류형 퓨즈).
> 6) 쉽게 구할 수 있다.
>
> [단점]
> 1) 재투입이 불가능하다.
> 2) 동작 시간, 동작전류를 조정할 수 없다.
> 3) 과전류에 융단 될 수 있다.
> 4) 비보호영역이 있다.
> 5) 한류성 퓨즈 차단 시 고전압이 발생한다.

05.

지락 사고 시 지락전류(영상 전류)를 검출하는 방법 3가지를 쓰시오. (배점 5)

정답

1) 영상변류기 (ZCT) 방식
2) CT Y결선 잔류회로방식 (CT 3대 사용)
3) 3권선 CT를 이용한 방식 (3차 영상분로의 영상전류 검출)
4) 변압기 중성점 접지선 CT방식

06.

다음 그림은 단상회로에서 주접지 단자(또는 보호선) 사이에 설치된 SPD의 A, B의 최대길이 A+B는 얼마인가? (단, SPD의 전압 보호 레벨은 230/400V 설비이다.) (배점 5)

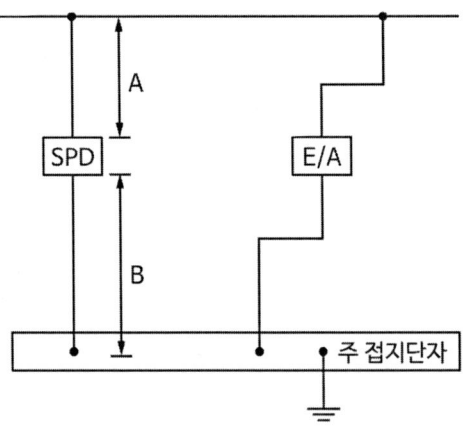

정답

50cm 이내 또는 0.5m 이내

07.

다음 괄호 안에 알맞은 것을 채우시오. (배점 5)

1) 옥외배선에서 절연부분의 전선과 대지간 및 전선의 심선 상호 간의 절연저항은 사용 전압에 대한 누설전류가 최대공급전류의 (①) (1조당)을 초과하지 않도록 유지하여야 한다.

2) 단상 2선식인 경우는 전선을 일괄한 것과 대지 사이의 절연저항은 사용 전압에 대한 누설전류가 최대 공급전류의(②) 이하이어야 한다.

3) 사용전압이 380V 일 때 선로의 절연저항 값은 (③) 이상이어야 한다.

4) 저압전로 중 정전이 어려운 경우 등 절연저항 측정이 곤란한 경우는 누설전류를 (④) 이하로 유지하여야 한다.

> 정답

① $\dfrac{1}{2000}$

② $\dfrac{1}{1000}$

③ 0.3 [MΩ]

④ 1 [mA]

08.

각 분기회로에 설치되는 옥내 간선의 굵기를 표기하시오. (배점 5)

분기회로	전선의 굵기[㎟]
15A 분기회로	2.5 ㎟
20A 분기회로 (배선용 차단기)	①
20A 분기회로(퓨즈)	②
30A 분기회로	③
40A 분기회로	④
50A 분기회로	⑤

> 정답

① 2.5㎟ ② 4㎟ ③ 6㎟ ④ 10㎟ ⑤ 16㎟

09.

다음 (   )에 알맞은 것을 쓰시오. (배점 5)

누전차단기는 정격감도전류 30 mA에서 동작하며 정격감도전류에 따라 (①), (②), (③)으로 나뉜다. 동작시간에 따라서 고속형과 시연형으로 구분되어진다. 고속형의 경우 (④)초 이내에 동작하는 누전차단기를 말한다. 시연형의 경우 (④)초 초과 (⑤) 이내에 동작하는 누전차단기를 말한다. (배점 5)

> 정답

① 고감도형
② 중감도형
③ 저감도형
④ 0.1초
⑤ 2초

10.

다음은 피뢰설비에 관한 내용이다. (   )에 알맞은 것을 쓰시오. (배점 5)

낙뢰의 우려가 있는 건축물 또는 높이 20m 이상의 건축물에는 현행법상 반드시 피뢰설비를 설치하여야 한다.

1) 피뢰설비는 한국산업규격이 정하는 보호등급의 피뢰설비일 것. 다만, 위험물 저장 및 처리시설에 설치하는 피뢰설비는 한국산업규격이 정하는 보호등급 (①) 이상이어야 한다.

2) 돌침은 건축물의 맨 윗부분으로부터 (②)cm 이상 돌출시켜 설치하되, 건축물의 구조기준 등의 규정에 의한 풍압 하중에 견딜 수 있는 구조일 것

3) 피뢰설비의 재료는 최소 단면적이 피복이 없는 동선을 기준으로 수뢰부 35㎟ 이상, 인하도선 16㎟ 이상, 접지극 (③)㎟ 이상이거나 이와 동등 이상의 성능을 갖출 것

4) 피뢰설비의 인하도선을 대신하여 철골조의 철골구조물과 철근콘크리트조의 철근구조체 등을 사용하는 경우에는 전기적 연속성이 보장될 것. 이 경우 전기적 연속성이 있다고 판단되기 위하여는 건축물 금속구조체의 상단부와 하단부 사이의 전기저항이 (④) [Ω] 이하이어야 한다.

5) 측면 낙뢰를 방지하기 위하여 높이가 (⑤) m를 초과하는 건축물 등에는 지면에서 건축물 높이의 5분의 4가 되는 지점부터 상단부분까지의 측면에 수뢰부를 설치할 것

> 정답

① Ⅱ   ② 25   ③ 50   ④ 0.2   ⑤ 60

CHAPTER 06 68회 전기기능장 필답 실기시험 문제해설

01.

3상 4선식 선로의 전류가 39[A] 이고, 제 3 고조파 성분이 40[%]일 경우 중성선에 흐르는 전류 및 전선의 굵기를 선정하시오. (배점 5)

전선 규격[㎟]	허용 전류[A]
6	41
10	67
16	76

정답

1) 중성선에 흐르는 전류 계산
   풀이과정 : 각 상의 제 3 고조파 성분의 전류크기 $I_{A3} = I_{B3} = I_{C3} = 39 \times 0.4 = 15.6\,[A]$
   중성선에 흐르는 제 3 고조파 전류 $I_N = 15.6 \times 3 = 46.8\,[A]$
   답 : 46.8 [A]

2) 전선의 굵기 선정
   풀이과정 : 위 표에서 전선의 굵기는 10[㎟]을 선정한다.
   답 : 10 [㎟]

[참고]
중성선에 흐르는 전류는 기본파 전류와 제 3고조파 전류의 합이므로
① 기본파 전류 합
$$I_{N1} = I_{A1} + I_{B1} + I_{C1}$$
$$= I_1 \sin wt + I_1 \sin(wt - 120°) + I_1 \sin(wt - 240°)$$
$$= 0\,[A]$$
② 제 3고조파 전류 합
$$I_{N3} = I_{A3} + I_{B3} + I_{C3}$$
$$= I_3 \sin 3wt + I_3 \sin 3(wt - 120°) + I_3 \sin 3(wt - 240°)$$
$$= 3I_3 \sin 3wt\,[A]$$

02.

22.9 [kV-Y], 용량 500[kVA]의 변압기 2차 측 모선에 연결되어 있는 배선용 차단기(MCCB)의 차단전류를 구하시오. (단, 변압기의 %Z = 5[%], 2차 전압은 380[V], 선로의 임피던스는 무시하며 차단전류는 2.5[kA], 5[kA], 10[kA], 20[kA], 30[kA]) (배점 5)

정답

1) 계산

$$I_S = \frac{100}{\%Z} \times I_n = \frac{100}{5} \times \frac{500 \times 10^3}{\sqrt{3} \times 380} \times 10^{-3} = 15.1934\,[kA]$$

2) 답
15.1934 [kA]이므로 위에서 20[kA]를 선정한다.
20[kA]

03.

특고압에서 차단기와 비교하여 PF의 기능적인 면에 대한 장점 3가지를 쓰시오. (배점 5)

정답

1) 소형이기 때문에 장치 전체가 소형이다.
2) 차단용량이 크다.
3) 한류효과가 우수하다.
4) 고속도 차단 및 후비 보호가 확실하다.
5) 한류형은 차단 시 무소음, 무방출 특성을 가진다.
6) 릴레이와 변성기가 필요 없다.

[참고]

장 점	단 점
• 소형 경량이다. • 가격이 싸다. • 릴레이와 변성기가 필요 없다. • 한류형은 차단시 무방출·무소음이다. • 고속도 차단한다. • 보수가 용이하다. • 한류효과가 우수하다.	• 재투입을 할 수 없다. (가장 큰 단점) • 과전류에서 융단될 수 있다. • 동작시간-전류 특성을 계전기처럼 마음대로 조정이 불가능하다. • 최소차단전류 영역이 있다. • 비보호 영역이 있어 사용 중에 열화 동작에 의해 결상 우려가 있다.

04.

다음은 분산형 전원의 배전계통 연계기술기준이다. ( )의 ① ~ ⑦에 알맞은 답을 쓰시오. (배점 5)

분산형 전원 정격용량 합계 [kW]	주파수차 (△f, Hz)	전압차 (△V, %)	위상각 차 (△φ, °)
0 ~ 500	0.3	(①)	(②)
500 초과 ~ 1,500 미만	(③)	5	(④)
1,500 초과 ~ 20,000 미만	(⑤)	(⑥)	(⑦)

정답

① 10   ② 20   ③ 0.2   ④ 15
⑤ 0.1   ⑥ 3   ⑦ 10

05.

제3종 접지공사 및 특별 제3종 접지공사의 특례에서 아래 ( )의 ① ~ ⑥에 알맞은 답을 쓰시오. (배점 5)

1) 제3종 접지 공사를 해야 하는 금속체와 대지 사이의 저항값이 100[Ω] 이하인 경우에는 제3종 접지 공사를 한 것으로 본다. 또한 10[Ω] 이하인 경우에는 특별 제3종 접지 공사를 한 것으로 본다.

2) 저압 전로에 접지가 생긴 경우 0.5초 이내에 전로를 자동으로 차단하는 장치를 시설한 경우 제3종 접지 공사와 특별 제3종 접지 공사의 접지저항 값은 자동 차단기의 정격 감도 전류에 따라 다음에 정한 값 이하로 할 수 있다.

정격감도전류	접지저항 값	
	물기가 있는 장소, 위험도가 높은 장소	그 외의 다른 장소
30[mA]	500[Ω] 이하	(④)
50[mA]	(①)	(⑤)
100[mA]	(②)	500[Ω] 이하
200[mA]	(③)	250[Ω] 이하
300[mA]	50[Ω] 이하	(⑥)
500[mA]	30[Ω] 이하	100[Ω] 이하

> 정답

① 300[Ω] 이하   ② 150[Ω] 이하
③ 75[Ω] 이하   ④ 500[Ω] 이하
⑤ 500[Ω] 이하   ⑥ 166[Ω] 이하

06.

토양이 접지저항(대지 저항률)에 영향을 미치는 변수를 5가지 이상 쓰시오. (배점 5)

> 정답

1) 수분의 함유량 (수분에 용해된 물질의 농도)
2) 수분의 화학적 성분
3) 토양의 종류
4) 지질의 성분
5) 대지의 온도 및 기후
6) 흙의 종류, 토양의 입자 크기, 입자의 조밀성

07.

단상 변압기의 병렬운전조건을 쓰시오. (배점 5)

> 정답

1) 권수비 및 정격전압이 같을 것
2) 극성이 같을 것
3) 내부저항과 누설 리액턴스 비가 같을 것
4) % 임피던스가 같을 것

[참고]

No	병렬운전 조건	조건과 다를 때
1	권수비 및 정격전압이 같을 것	순환전류가 흘러 변압기 소손
2	극성이 같을 것	큰 순환전류가 흘러 변압기 2차 권선 소손
3	내부저항과 누설리액턴스 비가 같을 것	위상차 발생, 부하분담 불균형 발생, 두 변압기의 용량을 100% 사용 불가
4	%임피던스가 같을 것	부하분담 불균형 발생, 두 변압기의 용량을 100% 사용 불가
5	상회전 방향이 같을 것(3상)	큰 순환전류 흘러 과전류, 단락 발생, 위험
6	위상변위(위상각)이 같을 것(3상)	큰 순환전류 흘러 과전류, 단락 발생, 위험

08.

다음 비상콘센트 설비의 전원회로(비상콘센트에 전력을 공급하는 회로를 말한다)는 다음 기준에 따라 설치하여야 한다. (   )에 알맞은 말을 쓰시오. (배점 5)

1. 비상콘센트설비의 전원회로는 (①) V인 것으로서, 그 공급용량은 (②) kVA 이상인 것으로 할 것

2. 전원회로는 각층에 2 이상이 되도록 설치할 것. 다만, 설치하여야 할 층의 비상콘센트가 1개인 때에는 하나의 회로로 할 수 있다. 하나의 전용 회로에 설치하는 비상콘센트는 (③)개 이하로 할 것. 이 경우 전선의 용량은 각 비상콘센트(비상콘센트가 3개 이상인 경우에는 3개)의 공급용량을 합한 용량 이상의 것으로 하여야 한다.

> 정답

① 단상교류 220
② 1.5
③ 10

09.

단상전파 정류 회로에서 리액터와 콘덴서의 역할은 무엇인가? (배점 5)

정답

1) 리액터
   리플제거 (파형개선, 노이즈제거)

2) 콘덴서
   평활작용 (전압 평활화)

10.

어느 수용가가 당초 역률(지상) 80[%]로 60[kW]의 부하를 사용하고 있었는데, 새로 역률(지상) 60[%] 40[kW]의 부하를 증가하여 사용하게 되었다. 이때 콘덴서로 합성 역률을 90[%]로 개선하는데 필요한 콘덴서 용량은 몇 [kVAR]인가? (배점 5)

정답

1) 풀이
   증가된 부하를 합친 유효전력 $P = 60 + 40 = 100[kW]$

   증가된 부하를 합친 무효전력 $\mathrm{Pr} = (\frac{60}{0.8} \times 0.6) + (\frac{40}{0.6} \times 0.8) = 98.33[kVAR]$

   합성역률 $\cos\theta = \dfrac{P}{\sqrt{P^2 + Q^2}} = \dfrac{100}{\sqrt{100^2 + 98.33^2}} = 0.713$

   콘덴서 용량 $Q = P(\tan\theta_1 - \tan\theta_2) = P(\dfrac{\sin\theta_1}{\cos\theta_1} - \dfrac{\sin\theta_2}{\cos\theta_2}) \, [kVAR]$

   $= 100 \times (\dfrac{\sqrt{1 - 0.713^2}}{0.713} - \dfrac{\sqrt{1 - 0.9^2}}{0.9}) = 49.907 \, [kVAR]$

2) 답
   49.91[kVAR]

CHAPTER 07 69회 전기기능장 필답 실기시험 문제해설

01.

변압기의 기계적 보호장치와 전기적 보호장치를 구분해서 각각 3가지를 쓰시오. (배점 6)

정답

1) 기계적 보호장치
   ① 충격가스압 계전기   ② 부흐홀츠 계전기
   ③ 충격압력 계전기   ④ 가스검출 계전기

2) 전기적 보호장치
   ① 비율차동계전기   ② 거리 계전기
   ③ 과전류 계전기(OCR)   ④ 과전압 계전기(OVR)

02.

지표면 상 15[m] 높이에 수조가 설치되어 있고, 이 수조에 분당 10[㎥]의 물을 양수한다고 할 때 펌프용 전동기의 용량 [kW]는? (단, 여유 계수는 1.15이고, 펌프의 효율은 65[%]이다.) (배점 4)

정답

1) 계산

   펌프용 전동기 용량 $P = \dfrac{9.8QHK}{\eta} = \dfrac{Q'HK}{6.12\eta} = \dfrac{10 \times 15 \times 1.15}{6.12 \times 0.65} = 43.36\,[kW]$

2) 답

   43.36 [kW]

[참고]

$P = \dfrac{9.8QHK}{\eta}[kW]$에서 Q는 초당 양수량 [㎥/sec]이고 $P = \dfrac{Q'HK}{6.12\eta}[kW]$에서 Q는 분당 양수량 [㎥/min]인데 이 값이 약간 다르다. 초당 양수량으로 위 문제의 값을 구하면 43.35 나오고 분당 양수량으로 위 문제의 값을 구하면 43.36이 나온다.

03.

아래의 안전장구의 권장교정(점검) 및 시험주기는 각 얼마인가? (배점 5)

1) 특고압 COS 조작봉

2) 저압검전기

3) 절연장화

4) 고압 절연장갑

5) 절연 안전모

정답.

모두 1년에 1회 이상

[참고] 전기안전관리 규정 4-2-29 별표 2의 권장 계측 장비 교정 및 시험주기 (고시 제9조 관련)

구분		권장 교정 및 시험주기(년)
계측 장비 교정	계전기 시험기	1
	절연내력 시험기	1
	절연유 내압 시험기	1
	적외선 열화상 카메라	1
	전원품질분석기	1
	절연저항 측정기(1,000V, 2,000MΩ)	1
	절연저항 측정기(500V, 100MΩ)	1
	회로시험기	1
	접지저항 측정기	1
	클램프미터	1
안전 장구 시험	특고압 COS 조작봉	1
	저압검진기	1
	고압·특고압 검전기	1
	고압절연장갑	1
	절연장화	1
	절연안전모	1

04.

전기저장장치의 이차 전지에는 다음 각 호에 따라 자동적으로 전로로부터 차단하는 보호장치를 시설해야 하는 경우 2가지를 쓰시오. (배점 5)

정답

1) 과전압 또는 과전류가 발생한 경우
2) 제어장치에 이상이 발생한 경우
3) 이차전지 모듈의 내부온도가 급격히 상승할 경우

> **[참고] 전기설비 판단기준 제 296조 제어 및 보호장치**
> ④ 전기저장장치의 이차전지에는 다음 각 호에 따라 자동적으로 전로로부터 차단하는 장치를 시설하여야 한다.
>   1. 과전압 또는 과전류가 발생한 경우
>   2. 제어장치에 이상이 발생한 경우
>   3. 이차전지 모듈의 내부 온도가 급격히 상승할 경우

05.

동기발전기 병렬운전조건 3가지 이상 쓰시오. (배점 4)

정답

1) 기전력의 파형이 같을 것
2) 기전력의 크기가 같을 것
3) 기전력의 주파수가 같을 것
4) 기전력의 위상이 같을 것
5) 상회전의 방향이 같을 것

06.

유도등의 전원은 비상전원으로써 다음 각 호의 기준에 적합하게 설치해야 한다. 괄호 안에 답을 쓰시오. (배점 6)

1. (①)로 할 것
2. 유도등을 (②) 이상 유효하게 작동시킬 수 있는 용량으로 할 것. 다만, 다음 각 목의 특정 소방대상물의 경우 그 부분에서 피난층에 이르는 부분의 유도등을 (③)이상 유효하게 작동시킬 수 있는 용량으로 하여야 한다.
    가. 지하층을 제외한 층수가 (④) 이상의 층
    나. (⑤) 또는 (⑥)으로서 용도가 도매시장, 소매시장, 여객자동차터미널, 지하역사 또는 지하상가

정답

① 축전지　② 20분　③ 60분
④ 11층　⑤ 지하층　⑥ 무창층

[참고]
유도등 및 유도표지의 화재안전기준 제9조 비상전원

07.

서지보호기(SPD)의 육안검사 항목 5가지 이상 쓰시오. (배점 5)

정답

1) 부식에 의한 도체와 접속점의 손상 여부
2) SPD 접속 도체의 굵기 및 길이의 적합성
3) SPD의 설치 위치
4) SPD의 외관상 이상 유무
5) 퓨즈, 단로기의 외관상 이상 유무
6) 배선경로의 적정성
7) SPD의 고장표시등의 유무에 따른 상태검사
8) 보다 높은 레벨의 보호 대책이 요구되는 곳의 추가 또는 변경 필요성 여부
9) SPD의 부착 및 접지 상태
10) 접속 및 배선상태
11) 본딩 도체와 케이블차폐의 건전성
12) 공간차폐에 대한 이격거리의 유지

08.

다음 계통의 접지방법의 1) ~ 5) 특징에 해당하는 접지방식을 쓰시오. (배점 5)

1) 계통 전체에 걸쳐 중성선(N)과 보호도체(PE)가 분리되어 있고 전원 측의 접지전극을 공유

2) 기기의 접지는 보호도체(PE)를 이용하며 전원 측의 접지전극에 접속하는 방식

3) 불평형 부하의 경우 중성선(N)에 전류가 흐름

4) 사고전류가 차단기를 통과하지 않고 보호도체(PE)를 거치기 때문에 누전차단기의 사용이 가능하므로 TN-S 접지계통에서는 누전차단기를 설치하는 것이 유리

5) 설비가 고가로 미국에서 사용하며 약전 및 통신기기 사용 시 유리

정답

TN-S방식

09.

다음 진리표를 보고 간소화 하여 논리식을 쓰고 최소 접점으로 시퀀스 회로도를 완성하시오. (배점 5)

X1	X2	X3	RL	YL	GL
0	0	0	1	0	0
0	0	1	0	1	0
0	1	0	0	0	1
0	1	1	0	1	0
1	0	0	1	0	0
1	0	1	1	1	0
1	1	0	0	0	1
1	1	1	0	1	1

1) 논리식

   RL =

   YL =

   GL =

2) 시퀀스회로도

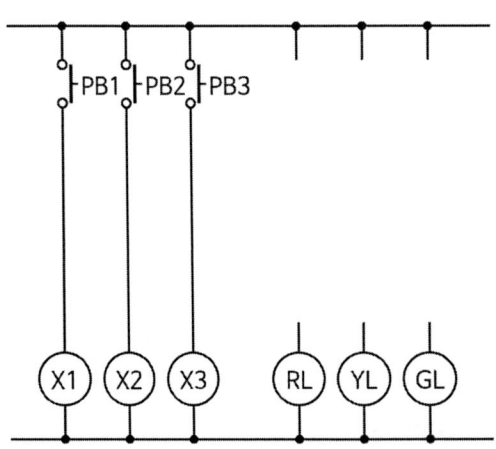

정답

1) 논리식

RL = $\overline{X2} \cdot \overline{X3} + X1 \cdot \overline{X2} = \overline{X2}(X1 + \overline{X3})$

YL = $X3$

GL = $X1 \cdot X2 + X2 \cdot \overline{X3} = X2(X1 + \overline{X3})$

2) 시퀀스회로도

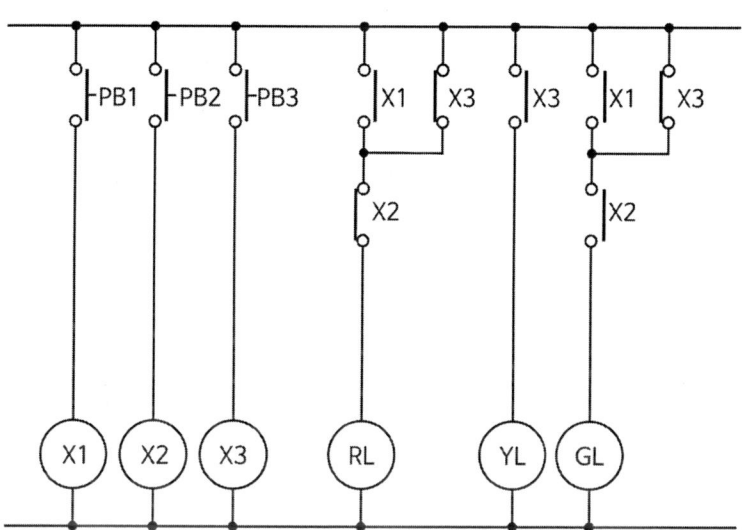

10.

다음 수전계통도에서 차단기의 차단용량을 계산하시오. (배점 5)

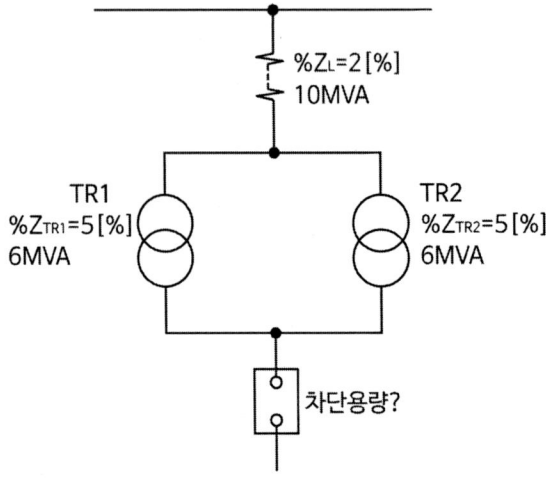

정답

1) 계산

10MVA 기준으로 TR1, TR2를 환산

$\%Z_L = 2\%$

$\%Z_{TR1} = \%Z_{TR2} = \dfrac{10}{6} \times 5 = 8.33[\%]$ 이 되고

차단기의 합성임피던스 $\%Z = \%Z_L + \dfrac{\%Z_{TR1} \times \%Z_{TR2}}{\%Z_{TR1} + \%Z_{TR2}}$

$= 2 + \dfrac{8.33 \times 8.33}{8.33 + 8.33} = 6.165[\%]$ 이므로

차단기용량(단락용량) $P_S = \dfrac{100}{\%Z} \times P_n = \dfrac{100}{6.165} \times 10 = 162.206[MVA]$

2) 답

162.21[MVA]

[아우름] 전기기능장 필답형 실기

발행일	2022년 3월 18일 초판 1쇄
지은이	오부영
발행인	황모아
발행처	㈜모아팩토리
주 소	서울특별시 영등포구 영신로 32길 29 세화빌딩 2층
전 화	02) 2068-2851~2
팩 스	02) 2068-2881
등 록	제2015-000006호 (2015.1.16.)
이메일	moate2068@hanmAil.net
누리집	www.moate.co.kr
ISBN	979-11-6804-067-0 (13560)
정 가	25,000원

Copyright ⓒ ㈜모아팩토리 Co., Ltd. All Rights Reserved.

이 책은 저작권법에 의해 보호를 받는 저작물이므로 저자와 출판사의 서면 허락 없이
내용의 전부 또는 일부를 이용하는 것을 금합니다.